指间繁花

逼真黏土花制作从入门到精通

石头 著

化学工业出版社

·北京·

内容简介

    本书是一本针对初学者的黏土花制作教程，旨在带领大家像新生的种子一样在手工黏土花的土壤里播种、萌芽、学习成长，最后成为进阶的黏土花手作能手。书中从黏土花制作的工具和材料以及黏土花制作的固定流程、重要的处理环节讲起，逐步引导读者掌握黏土花制作的核心技法。之后在案例部分，分初、中、高三级难度呈现郁金香、冰岛虞美人、草莓等12种唯美花材及果实的制作教程，每个案例搭配高清步骤图、简明易懂的文字以及原创纸样，帮助读者实现从新手到精通的跨越。通过阅读本书，零基础的读者也能轻松上手，在指间打造栩栩如生的黏土花，收获治愈感与成就感。

图书在版编目（CIP）数据

指间繁花：逼真黏土花制作从入门到精通 / 石头著. 北京：
化学工业出版社，2025.7. — ISBN 978-7-122-48079-8

Ⅰ. TS932.8

中国国家版本馆CIP数据核字第2025GK3347号

责任编辑：孙晓梅　　　　　　　　装帧设计：景　宸
责任校对：边　涛

出版发行：化学工业出版社
　　　　　（北京市东城区青年湖南街 13 号　邮政编码 100011）
印　　装：北京宝隆世纪印刷有限公司
710mm×1000mm　1/16　印张 10½　字数 238 千字　2025 年 9 月北京第 1 版第 1 次印刷

购书咨询：010-64518888　　　　　　售后服务：010-64518899
网　　址：http://www.cip.com.cn
凡购买本书，如有缺损质量问题，本社销售中心负责调换。

定　价：78.00元　　　　　　　　　　　　　版权所有　违者必究

前　言

做黏土花前我一直做着与"动手"打交道的事情。大学是陶瓷艺术设计专业，和陶土打交道，在瓷坯上作画。后来又从事过糖纸花、翻糖艺术蛋糕、创意糖牌、彩绘蛋糕等的教学。

有人说过我：你怎么什么都做？

是的，感兴趣的事情我都想尝试。我不认为这样是三心二意，对事物拥有好奇心并勇于尝试应该是优点。我目前扎根的领域是手工黏土花，但我未来依然有可能去尝试其他事物。如果有一天我没有好奇心了，反而是生命力的枯竭。与此同时，我也鼓励大家去勇敢尝试，有一些小伙伴说起自己的担忧，例如：我没有美术基础怎么办？我想告诉你们，在我早期四处学习的时候，接触过一些优秀的老师，他们也没有美术基础，但这没有阻碍他们后来在自己热爱的领域发光、发亮。所以比起美术功底，更重要的是开始的勇气、持续的学习、坚定的信念和有效的行动。

我之所以选择从事花卉类的手作，首先是因为我喜欢花花草草，它们本身的自然美好，拥有抚平人们烦恼的魔力。其次是因为花草能让我理解生命的规律，一朵花不会因为没被看见就不绽放，也不会因为没有绽放而质疑自己是不是花。一颗种子落地生根、开花结果，最后隐于尘土，所有生命的更迭有着相似的规律。

受此启发，本书中的教程内容也以植物的不同阶段代表不同难易程度来推进。每一位阅读本书的小伙伴，都是一颗新生的种子，跟着书中的步调播种、学习、成长。第一阶段"新芽萌发"为初级花型，第二阶段"蓓蕾初绽"为中级花型，第三阶段"繁花似锦"为高级花型，最后我们都会收获"喜悦的果实"。

下面跟我一起，开启黏土花手作的成长之旅吧！

石头

目　录
contents

第一章

工具材料篇

• 关于黏土

　　黏土类型多样，包括超轻黏土、树脂黏土、石塑黏土等，不同类型的黏土用途和质感各不相同。本书为大家展示的是树脂黏土花卉，所有花瓣、叶片、枝干等均为树脂黏土制作而成，偶尔搭配超轻黏土作为辅助材料。

　　树脂黏土产地分国内和海外，每个品牌都能满足基本做花需求，但因为不同品牌的配方存在差异，性能也会有所区别，例如：黏土在操作时的延展性，黏土干燥后的通透感、柔软度等。每个品牌都有自己的受众群体，所以在树脂黏土的选择上，大家可多方尝试后根据自己的偏好进行选择。本书使用的树脂黏土是下图中间这一款。

各种品牌的树脂黏土

• 黏土的保存方法

密封袋保存

　　新黏土开袋后，适量取用，用多少取多少。剩余的黏土要及时做好密封，避免久放之后变干，保存方法如下。

① 用保鲜膜贴合黏土多层包裹。

② 将包裹好的黏土再装入密封袋中，置于阴凉干燥处存放，勿暴晒。

密封盒保存

　　使用中的黏土需要及时放入小密封盒。由于小密封盒的密封性不是很好，通常只能存放2~3天，建议大家适量取用，及时用完。如果时间过长导致黏土变干，请丢掉干燥的黏土，取新的黏土使用。

● 基础工具

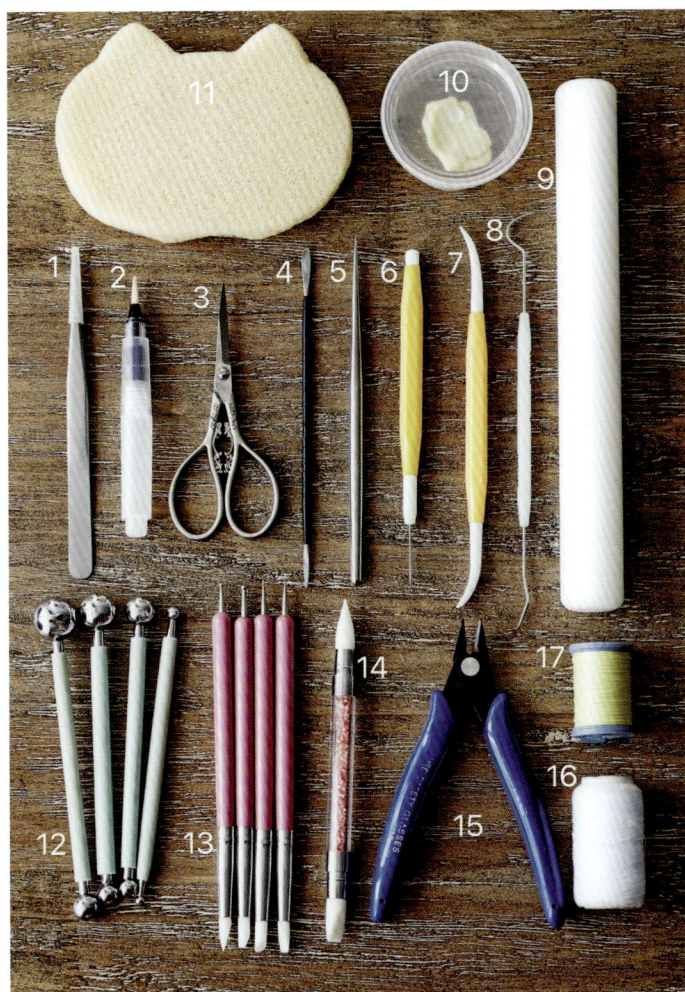

❶ 镊子

❷ 刷水笔

❸ 剪刀

❹ 开眼刀

❺ 水滴棒针（拈花棒）

❻ 切割针（糖霜针）

❼ 鸭嘴棒

❽ 扎洞钩针

❾ 小擀棍

❿ 分装盒

⓫ 造花海绵（波浪海绵背面）

⓬ 球棒4件套

⓭ 硅胶笔和迷你球棒

⓮ 大号硅胶笔

⓯ 铁丝钳

⓰ 棉白线

⓱ 0.1mm 蜡线

鸭嘴棒

鸭嘴棒是花瓣常用且重要的造型工具。外观上扁平，下有弧度。我们大部分时候使用下半部弧度面。

右图中的两支都为鸭嘴棒，有宽窄区别。宽鸭嘴棒适合大花瓣，窄鸭嘴棒适合小花瓣。

使用鸭嘴棒给花瓣造型时需要注意角度，请贴合工具底部的弧度侧躺使用，勿垂直使用。

可以贴近边缘内侧位置侧拉，左边向左侧，右边向右侧。

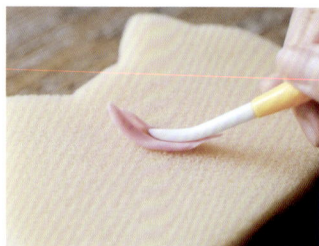

可以正反面侧拉，一边正面侧拉，另一边反面侧拉。

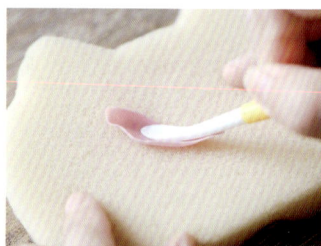

贴合底部弧度使用时，可平拉。

左：正面两边侧拉，两边呈现内扣的卷边形态。

中：正反两边侧拉，两边呈现反方向卷曲形态。

右：正面两边平拉，花瓣没有明显的卷边，呈现圆弧形态。

大家会发现我一直在用"拉"而不是"压"来归纳它们，因为鸭嘴棒的使用是动态的，不是静态的。不论是平拉还是侧拉，都需要沿着花瓣内侧位置从上往下拉动，才能形成弧度或卷边姿态。

不同角度和力度呈现出的效果是灵活多变的，这点希望大家多尝试，慢慢体会。

硅胶笔和迷你球棒头

这个工具一端为软头硅胶笔，另一端为迷你金属球棒头。

硅胶笔里常用到的是尖头笔，用于处理接缝。

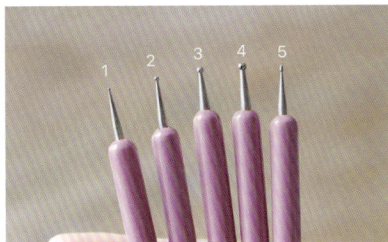

金属头有 4 支为球形，还有一支为尖形的迷你子弹头。

防粘粉包

过滤纱布袋，用一层漏粉量太多，我用了三层，往最内层袋里装玉米淀粉或爽身粉。

❶ 过滤粉袋 ❷ 粉扑棉 ❸ 糖花海绵垫

使用流程：用粉扑棉蘸取过滤粉袋中漏出的粉，将切割好形状的黏土置于糖花海绵垫的上方用粉扑棉扑粉防粘。

这个流程可以更细腻、更恰到好处地防粘，避免黏土表面粉量堆积过多。

白乳胶和强力胶

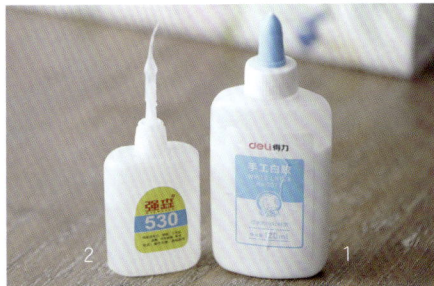

❶ 白乳胶：质地温和，可以接触皮肤，干燥略缓慢，适用于粘贴有软度的小花瓣。

❷ 强力胶：有腐蚀性，需要避开皮肤，干燥很快速，适合粘贴干燥的大花瓣。在希望加快黏合速度时，也可以选它，前提是细心使用，不要伤到皮肤。

防粘精油

用作隔离膜或用于果实类模具的防粘，可选择纯油性液体，例如：护发精油、橄榄油等。

隔离膜

❶ 文件夹：手擀黏土可借助文件夹，将抽杆式文件夹的抽杆去掉，将黏土放于文件夹中间擀压。

❷ 隔离膜：机擀选择薄款隔离膜（单面厚度 4 丝），便于进入压面机。

白色超轻黏土

品牌不限，用于自制部分花朵打底内芯或自制定型工具。

• 硅胶纹理模具

1. 我曾经收到小伙伴的留言：如果什么都用模具不就失去了手作的乐趣吗？

我们对待乐趣的理解是多元的。有人喜欢化繁为简，享受因作而乐的纯粹体验，这是一种乐趣。也有人热爱细节刻画，像对待艺术品一样耐心打磨，使它们富有感染力，这也是一种乐趣。

在仿真花卉手作领域，仿真度是不可忽视的部分，而这一点离不开纹理模具。它可以辅助我们让黏

土具有逼真的纹理，让作品更写实、更生动。所以在仿真花卉手作中，纹理模具是重要工具之一。纹理模具的创造与诞生也是另一种艺术智慧的体现。

2. 是不是有了纹理模具就能做出花来?

并不是，工具只能起辅助作用，运用在于人。工具虽重要，但不会凌驾于人之上，有了它也需要我们去使用。

我们无须排斥工具，也无须过度夸大工具的作用，客观认识它作为工具的价值即可。它可以帮助我们锦上添花，最终主导作品诞生的永远是人。

3. 纹理模具开模防粘

花瓣、叶子类纹理模具，在第一次使用时需向内部扑粉防粘，扑粉时要均匀，纹理细节处都需要扑到，同时也需要注意粉量要适宜，不宜过多，避免堵塞纹理影响效果。

果实和花蕊类纹理模具，需抹油防粘（例如：护发精油、橄榄油等纯油性物质），用指腹蘸油将油均匀抹至内部每一个角落。

> **注意**
> 使用纹理模具如果出现粘模问题，大多是因为防粘不到位，所以大家每次使用模具时，需要做好防粘步骤。

• 花瓣定型工具

1. 波浪海绵（大和小）、鸡蛋托

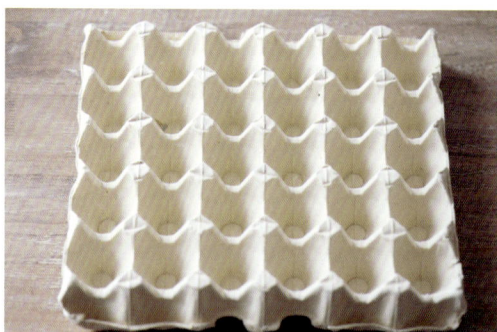

三者的凹陷弧度：鸡蛋托 > 大波浪海绵 > 小波浪海绵

根据我们需要晾干的花瓣的形态大小来选择契合的定型工具，例如小花瓣选小波浪，大花瓣选鸡蛋托。

2. 自制定型工具

自制定型工具是我很喜欢且很常用的方法，下面将步骤分享给大家。

❶ 取适量超轻黏土，往纹理模具内侧大量扑粉防粘，再将超轻黏土均匀铺满整个模具。

❷ 将模具另一半合上，从上往下按压。

❸ 打开后将超轻黏土松脱取下来。

❹ 如果边缘溢出的黏土较多，可进行修剪。

5 形状契合的定型工具就完成了。

6 此时的它非常软，需要放置晾干，通常第二天就可使用，这个方法适用于所有花型。

• 黏土调底色材料

调底色指的是将颜料揉进黏土中，让黏土携带底色。

扫码观看如何给黏土调底色（以玫瑰花瓣为例）

常用的黏土调底色材料是油画颜料和丙烯颜料，两者都可用于调色，效果无差别，可按自己的喜好选择使用。

油画颜料

丙烯颜料

表面上色工具和材料

上色指的是将颜色作用于成形的黏土表面。常用的上色材料包括色粉、快干油画颜料等。

1. 色粉

色粉品牌众多，质地大致分两类：硬质色粉和软质色粉。相较而言，软质色粉的着色效果优于硬质色粉，相应的，软质色粉的价格一般高于硬质色粉。

在实际使用中，不论是硬质色粉还是软质色粉在上色功能上都是没问题的，但在效果上会有差异，这点是一分价钱一分货。在选择色粉时是性价比优先还是效果优先，取决于大家各自的需求。

用色粉上色时需要准备色粉刷，可多备一些，尽量不要混色使用同一支笔，避免导致颜色不准或变脏。能做到单色单笔是最好的，可重复使用。

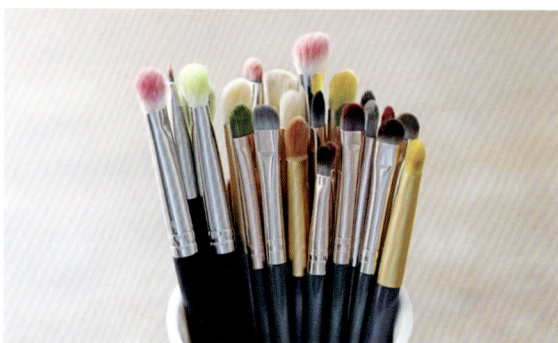

2. 快干油画颜料

普通的油画颜料干燥时间较长，有时一周也未必会干燥，所以为了缩短等待时间，建议在给黏土表面上色时选择快干型油画颜料，干燥时间约24小时。

用油画颜料上色需要准备化妆棉，用化妆棉蘸取颜料拍打上色。化妆棉也需多备一些，不要混色重复使用，它们属于一次性上色工具，用完请丢掉。

扫码观看如何调配油画颜料给黏土叶片上色

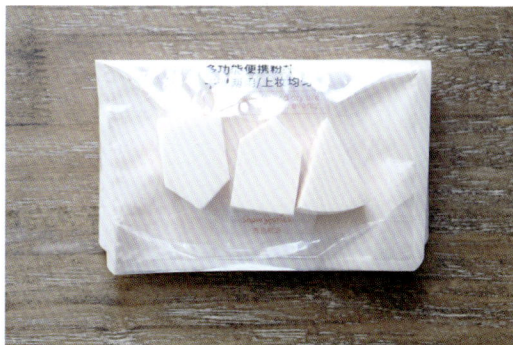

3. 色粉上色和油画颜料上色这两种上色方式分别用于在什么地方？

色粉常用于花瓣上色，可以呈现细腻亚光的自然效果。

油画颜料常用于叶片、花萼等，颜色有较强的覆盖力，鲜亮有光泽。

> **注意**
>
> "调底色"和"上色"是不同的概念，希望大家不要将这两者搞混，后面具体到每个花型的时候，会有"调底色颜料"和"上色颜料"之分。

● 花艺铁丝

1. 类型

市面上的铁丝外皮包装分两类：纸包和胶包。本书制作黏土花用到的是纸包花艺铁丝，大家注意别选错。

2. 型号

铁丝的型号很多，常用的型号为 18~30 号，数字越小，铁丝越粗。也就是说在常用区间内，18 号铁丝最粗，30 号铁丝最细。还有一些区间外的型号，例如更粗的 2 号、3 号，以及更细的 32 号、35 号等。

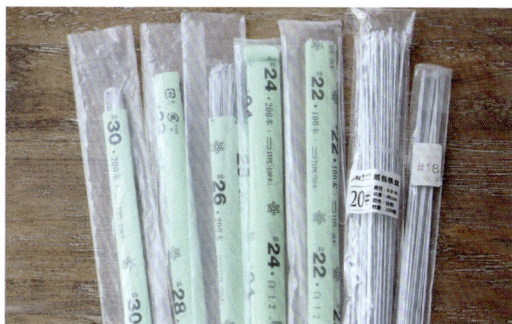

第二章

基本技法篇

● 揉黏土、调底色

揉黏土

开袋刚取出的黏土，请大家先观察黏
土自身状态，由于黏土品牌不同，质感也
不同。有的黏土手感柔软，取出就可直接
进行调色。

有的黏土刚取出时，表面干硬掉渣，不能抱团，这样的黏土需要先反复拉揉，使其细腻成团，
这个过程需要用点手劲。

调底色

黏土揉细腻后，开始调底色，将我们需要的色料挤到黏土上，通过快速拉揉的方法，将颜色揉
匀，黏土易干，这个过程要快速。

• 擀黏土、切形状

擀黏土的两种方式

1. 手擀黏土

❶ 挤一小泵精油至掌心推开。

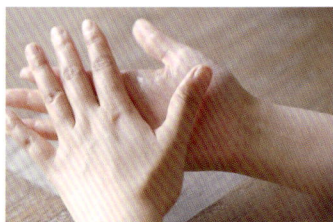

❷ 准备隔离膜（或透明文件夹），将掌心的精油均匀抹至隔离膜内部每个角落。

❸ 将小块黏土放置在隔离膜内部中间，用小擀棍从中间向四周推开，力度均匀，按照自己顺手的方向调整隔离膜角度，最终目的是将黏土均匀地擀薄。手擀黏土无法精确控制厚薄程度，一般叶片和花萼厚度大于花瓣厚度，可根据这个规律去控制。

2. 机擀黏土

经常做花可以选择机擀，有多种厚度挡位可选择，可以精确地控制厚薄程度。具体方法如下。

❶ 首先在隔离膜内部抹油防粘。将黏土放置在隔离膜内侧上端，用擀棍将黏土压宽，再将前端入口处的黏土压薄一点。

❷ 将压薄的黏土前端送进压面机，滚动转轴将其擀压变薄。如遇黏土过剩，从隔离膜底边溢出，请大家停止前送，反方向转出来，避免多余的黏土溢出，绞入机器内。后面具体到每款花型，会以此款压面机（意大利 Marcato Atlas 150）为例标注好机擀黏土的厚度。

切割形状的两种方式

1. 使用切模

❶ 所有花型均有相应的切割模具可购买，切模使用前需要先给切口做防粘，将精油挤进海绵中，用手挤压使其散开，将油轻柔地拍打在切口部位，内外边都需要充分扑到油。

❷ 做好防粘后，切口朝下，从上往下按压，黏土形状便切割好了。叶子类切模自带锯齿，无须手动剪锯齿。将四周多余的黏土快速分离回收，还能进行二次使用。

❸ 形状切割好之后，将上方隔离膜快速合上，用指腹侧面按压黏土边缘，将其压薄。这个步骤适用于所有形状，不分花瓣、叶子、花萼等，切割好的边缘全部需要进行这步压薄处理。

2. 手动切割

❶ 将所需的花瓣叶子等形状裁剪下来（参考花型纸样），将裁剪好的纸片放在黏土上方，用切割针沿着纸片轮廓切出形状。

❷ 如遇有锯齿的叶子，需要在形状切好之后，手动剪出锯齿。

扑粉防粘、压纹理

扑粉防粘

黏土正反面都需要扑粉防粘，避免压纹理时粘住模具而导致失败。扑粉工具请参考第一章"基础工具"里的"防粘粉包"。

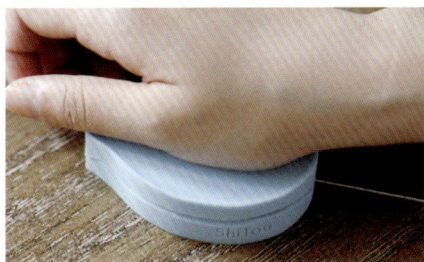

❷ 将模具上下吻合对齐，用手掌从上往下按压，按压时要一气呵成，请勿左右推动，避免出现纹理重叠或被破坏的状况。

压纹理

❶ 将裁切好的黏土对齐纹理模具的中线，不要出现歪斜。新模具第一次使用时，请参考第一章"硅胶纹理模具"里的"模具开模防粘"进行预处理。

❸ 压好后的黏土表面就有了细腻的纹路，叶子和花瓣类模具的使用方法都是如此。

> **注意**
>
> 揉黏土、调底色、擀黏土、切形状、扑粉防粘、压纹理，这些操作是所有花型制作前期必不可少的固定流程，在这一章集中讲解清楚，后面具体到不同花型的详细制作时，会跳过此环节直接进入造型部分。

如何合并铁丝

❶ 将棉白线的一端夹于指尖固定。

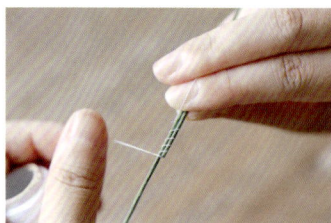

❷ 先将线缠绕到合并处的上端，再反向向下缠绕至底部。全程线头绷紧不能松。

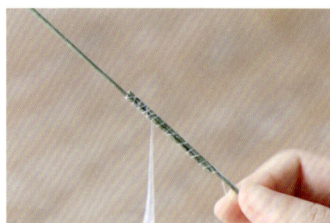

❸ 往缠绕部位正反面挤强力胶。

❹ 用纸巾快速吸走多余胶水。

❺ 胶水干燥后将线头剪断，完成合并。

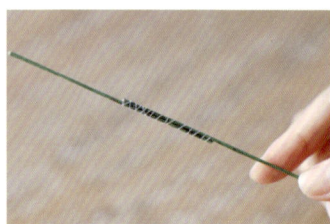

如何衔接

1. 粗枝干衔接

当枝干重量偏重时，需要用棉线先固定内部铁丝，再用黏土包裹裸露的衔接部位。

2. 细分枝衔接

重量较轻的细小分枝，例如叶片，只需在主枝干的侧边用钩针扎洞，将分枝尾端截断多余铁丝，保留大约 5mm 的长度，将保留的部位蘸强力胶，快速插入洞口，稳固之后便能衔接成功。

如何搓枝干

注意
　　包枝干需要黏土状态足够柔软，如果出现干裂、干纹都是因为黏土不够软，请参考回软方法去调节。

1. 粗长枝干

粗长的枝干通常为主花头的主枝干，用两边捏合包裹法。步骤如下。

❶ 将黏土*快速均匀搓长、压扁，在铁丝表面薄薄抹一层白乳胶，将铁丝压在黏土中间段。

❷ 将铁丝两边的黏土快速捏合，将铁丝包裹于中间。再用掌心搓动枝干，将凹凸不平的表面搓至均匀光滑。此时捏合的接口位置会有干纹痕迹，可以用手指蘸水将枝干打湿，指腹上下来回推动以消除痕迹。这个过程需反复多次，着重处理干纹部位，枝干表面打湿后有黏土浆属于正常情况，只需等待晾干。

❸ 晾干时间由枝干的状态来决定，我们要确保它形态固定、不易变形，通常粗枝干需插起来晾一夜，第二天再用于组装。

2. 细短枝干

花苞或叶子下方短而细的细短枝干（叶柄或花梗），用直接包裹法。步骤如下。

❶ 将所需黏土直接包裹到铁丝外围。

❷ 用指腹快速向下搓动黏土，搓动时需要控制好粗细，达到合适的长度后，将多余的黏土掐掉，再用掌心或指腹将枝干转动搓至均匀光滑。

❸ 根据枝干表面的情况判断，如果无干纹可直接插起来晾干。如果有细小干纹，用手指重复蘸水推动，消除干纹后再插起来晾干。

---

* 枝干、叶片、花萼、花梗、叶柄等常见绿色黏土，均采用 Pebeo52 号油画颜料调底色。

如何处理接缝

1. 花萼部位

❶ 枝干和花头衔接好之后会有一段空白，需要取出前期包枝干时剩下的黏土再次进行包裹，新黏土要向干燥的枝干或花萼上延伸覆盖一些，用指腹蘸水打湿衔接部位，上下推动，让它们衔接成一个整体。

❷ 花萼基部使用尖头软硅胶笔蘸水侧面推动衔接部位。处理好等待晾干，未干时新黏土颜色浅，干燥后颜色会变深，衔接位置会很自然、很有整体感。

2. 叶子基部

　　处理叶子基部的接缝的方法如下。

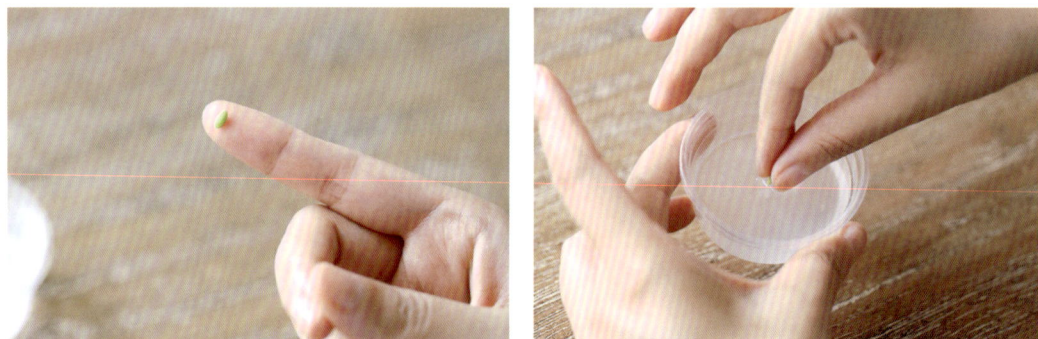

❶ 取一小点黏土蘸水打湿。

❷ 将打湿的黏土包裹在叶子基部下端衔接处，用指腹或尖头硅胶笔推动，使其衔接一体，等待晾干即可。

如何软化黏土

1. 护手霜

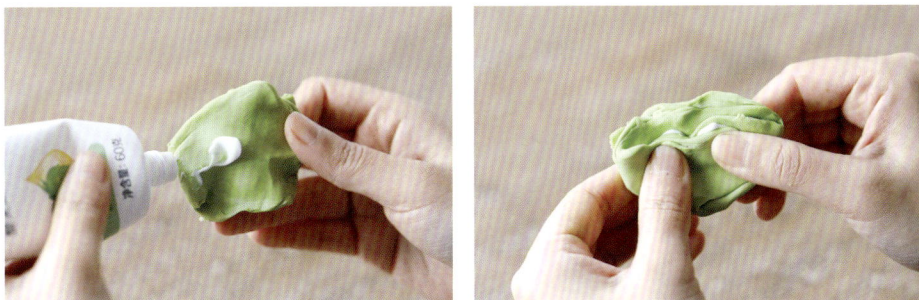

将护手霜挤至黏土表面，将其包裹到中间来回拉揉，充分融合后黏土会回软，根据所需状态可少量多次添加。

2. 蘸水

黏土蘸水后反复拉揉也可回软，觉得护手霜油的小伙伴可选择蘸水法。

> **注意**
> 在做花时，树脂黏土暴露于空气中很容易变干，我们需要时刻留意黏土状态，感觉偏干就及时软化，黏土柔软状态影响着花朵造型效果，至关重要。

如何晾干

1. 平插

适合轻巧的叶子和小花头，底部为珍珠棉。

2. 倒挂

适合有重量的大花头，由于其头重脚轻，不便于直立晾晒，所以将底部铁丝打弯钩，倒挂晾干。

Milkwort (*Polygala vulgaris*)
Tormentil (*Potententilla tormentil*)
Smooth Heath Bedstraw (*Galium saxa*)
Small Heath Butterfly
(*Cœnonympha Pamphilus*)
Meadow Brown Butterfly .
(*Hipparchia janira*)

第三章

花朵篇

（冉冉花意）

郁金香

实物大小的纸样

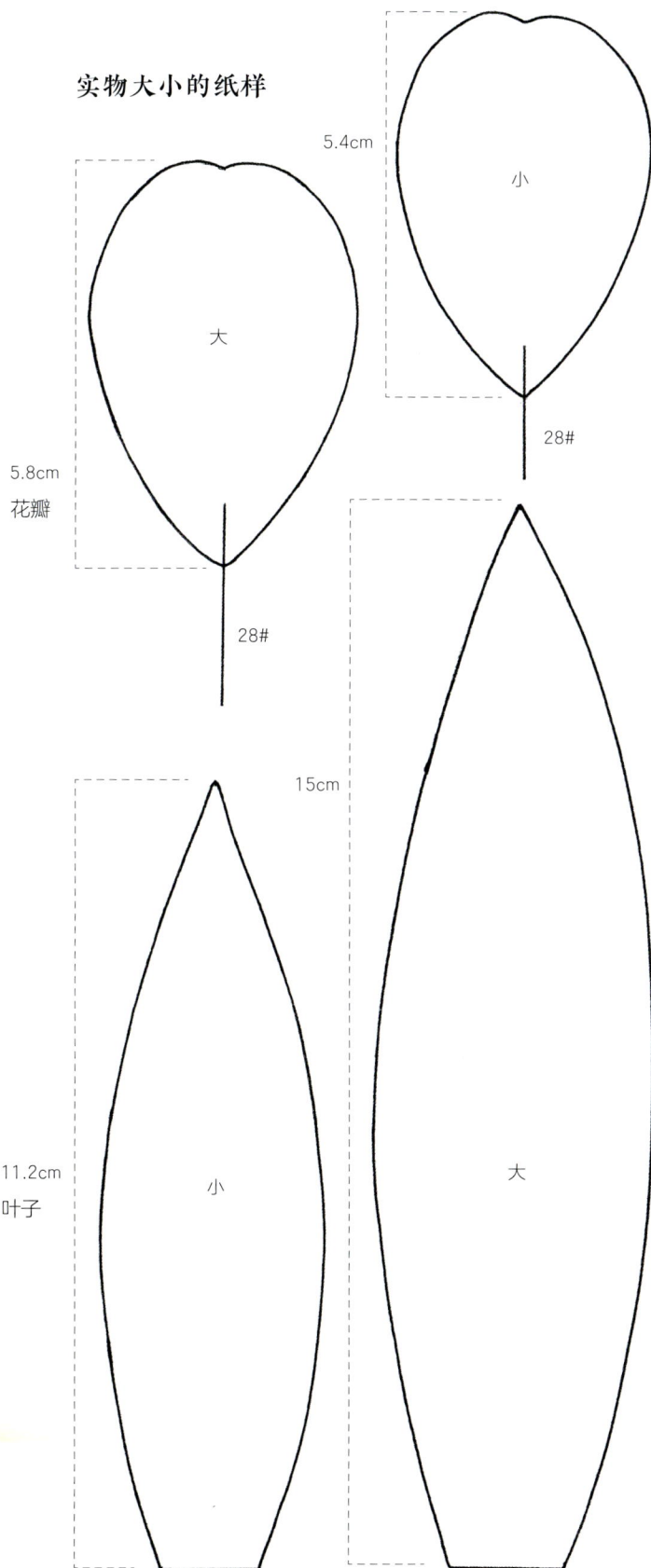

小
5.4cm

大

5.8cm
花瓣

28#

28#

15cm

小

11.2cm
叶子

大

调黏土底色的油画颜料

❶ pebeo52 ❷ pebeo03 ❸ pebeo53
❹ 马利104

雌蕊 2/ 雄蕊（上）2、（下）2+3/ 花瓣
2+4(微量)/ 叶子 1/ 花茎 1

表面上色色粉

❶ PANPASTEL 250.5 ❷ PANPASTEL 250.3
❸ PANPASTEL 280.3

雄蕊尖 2/ 花瓣（下）3/ 叶尖 1/ 花茎
（上）3

黏土压面机挡位

花瓣 7 挡（对贴）、叶子 5 挡

025

制作过程

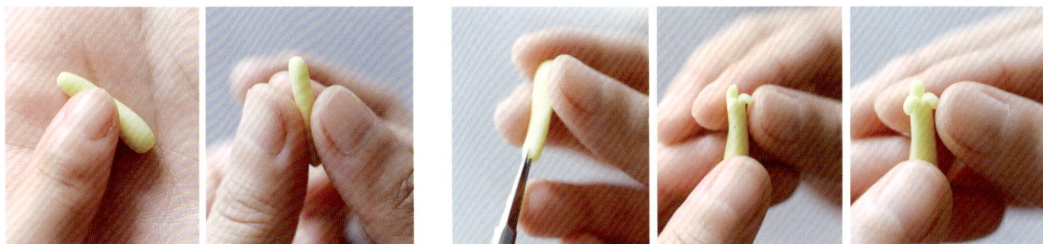

❶ 制作雌蕊。先取出嫩黄色黏土搓长，用指腹在侧边压出 3 个面。

❷ 在顶端剪出 3 个短小的开叉，用指腹搓动开叉部位的黏土使其表面圆滑，再将开叉的黏土向后弯曲，呈现 3 瓣弧形脑袋。

❸ 将铁丝（22#）蘸白乳胶后从底部插入，雌蕊总高度约 2.2cm。

❹ 制作雄蕊。先取深黄色黏土包裹在铁丝（30#）中段，将黏土搓成短水滴形，用指腹压扁。

❺ 在上端预留的铁丝表面包裹嫩黄色黏土，将黏土搓细长，彻底包裹住铁丝，确保铁丝不要外露。

❻ 用弯头镊子在嫩黄色黏土表面夹出 4~5 个棱边，尖端刷（黄色）色粉（2）。用相同的做法做出 5 根雄蕊。

❼ 将 1 根雌蕊放在中间，5 根雄蕊围绕雌蕊一圈，合并成一个完整的花蕊。

❽ 将两片黏土对贴，将铁丝（28#）置于下方中间位置，根据纸样切割花瓣，用模具压出纹理。

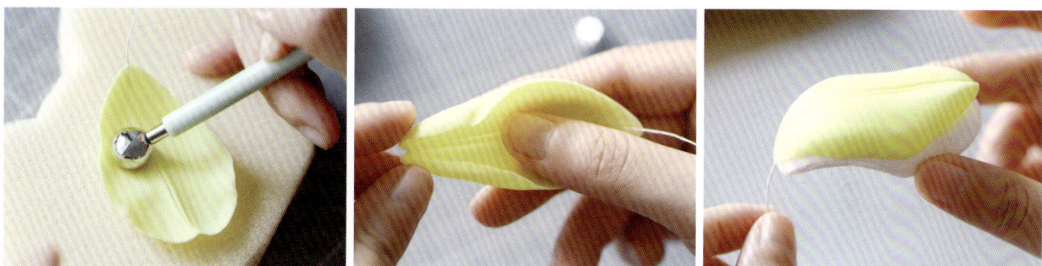

❾ 用球棒将花瓣边缘内侧压出卷边，花瓣下端内侧也需压出弧度。用指腹推动调整花瓣姿态，再置于定型工具上方等待晾干。

扫码观看郁金香
花瓣造型演示

❿ 花瓣彻底晾干定型后，给花瓣外侧基部刷（橙色）色粉（3），增加层次。

⓫ 共需要 6 片花瓣，3 大 3 小。围绕花蕊组装 2 层花瓣，3 片小花瓣在内层，3 片大花瓣在外层。组装时外层花瓣位置在内层花瓣之间的缝隙位置，前后层交错开。

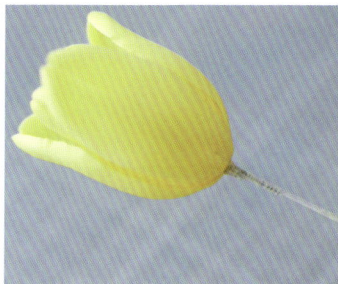

⓬ 需要提前做好一根花茎，将花头和花茎合并、包黏土、刷水衔接。

🔴13 根据纸样切割叶片，用模具压纹理。在叶尖两边内侧位置以及叶片基部两边内侧用鸭嘴棒侧拉，压出卷边效果。用手指向内推动调整到合适的卷曲形态。

🔴14 做出大叶、小叶各 1 片，调整好形态置于波浪海绵的凹陷部位晾干。

🔴15 叶片晾干后，在尖端刷一些黄色色粉（1），和花朵颜色呼应。这是局部小细节，只在叶片尖端，面积不需要扩大。

🔴16 和花头衔接的花茎上端也可以刷些与花瓣下方颜色相同的色粉（3），让颜色自然过渡。

🔴17 最后将叶片用强力胶贴于花茎两侧，左右上下分开，小叶在上，大叶在下，呈现大叶包小叶的效果。最后处理好叶片和花茎的衔接部位，制作完成。

实物大小的纸样

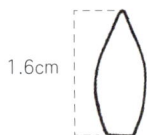

1.6cm

苞片

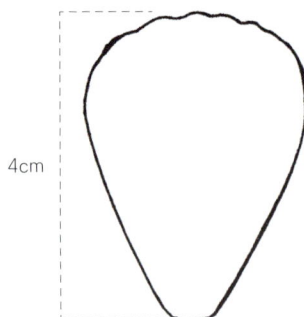

4cm

舌状花

调黏土底色的油画颜料

❶pebeo52 ❷pebeo03 ❸pebeo53 ❹pebeo50
❺马利104 ❻温莎牛顿格里芬（凡代棕）

舌状花 4+5（微量）/ 管状花 2+3/ 苞片 1/
花蕊（棕）6/ 花蕊（黄）2+3/ 花茎 1

表面上色色粉

❶PANPASTEL 340.3 ❷PANPASTEL 430.3
❸PANPASTEL 660.5 ❹PANPASTEL 220.1
❺PANPASTEL 780.5

舌状花 1+2/ 花苞（侧）4+3、（顶）1+2/
内层总苞片 5/ 外层总苞片 4+3

其他

小针管

黏土压面机挡位

舌状花 7 挡、苞片 6 挡

制作过程

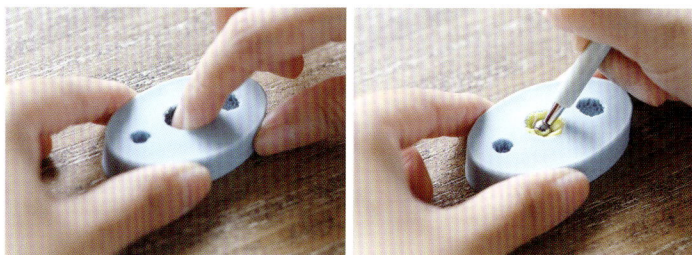

❶ 管状花模具使用前先往内部每个角落抹油防粘，之后将黄色黏土塞入模具，借助球棒压实，保证模具内每个角落充分填充。

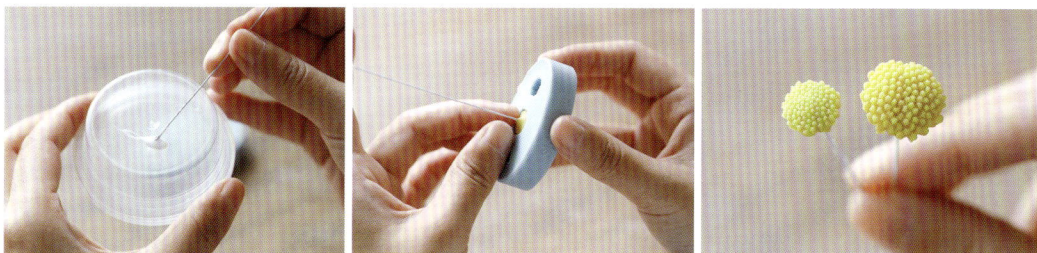

❷ 将铁丝（24#）头部打弯钩，蘸胶从黏土中心插入约一半深度，用指腹将铁丝周边的黏土收紧后放入冰箱冷冻（约15分钟）后，将模具口部撑开脱模取出，中间未开放的管状花就做好了。将取出来的黏土插起来晾干。近距离观察这些管状花，呈密集的星星形状，如果形状不明确，请回顾填充时是否未压充分。

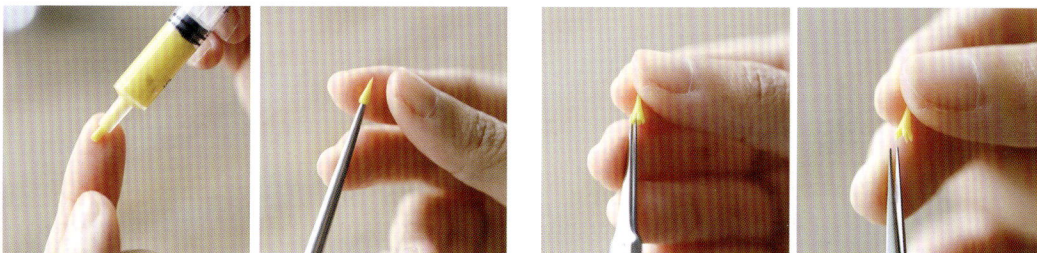

❸ 借助针管推出黏土（长约4mm），搓成水滴形再插入棒针尖端，撑出喇叭形开口。

❹ 用精细剪刀将喇叭口分成5段，再将每段两侧斜剪，形成尖角。

❺ 利用5号迷你金属头轻压内侧中间，调整姿态，开放的管状花就做好了。

❻ 在铁丝（35#）上端包裹棕色黏土，顶端粘黄色球形黏土，做出花蕊。

❼ 将棕色花蕊插入开放的管状花中，花蕊位置略微高出花朵，将多余的铁丝剪掉。

❽ 在之前做好的未开放的管状花侧边抹胶，将开放的管状花贴于侧边。开放的管状花制作时，部分带棕色花蕊，部分可以不带，随机粘贴，数量不限，效果更自然。

❾ 根据纸样切割舌状花、扑粉防粘、压纹理，用鸭嘴棒正反面压出随机的姿态，将做好的舌状花置于波浪海绵上定型晾干。

⑩ 用色粉（1+2）给舌状花边缘
上色，共做8朵。

⑪ 在舌状花内层基部涂抹强力
胶，将其贴于管状花侧边，用手
固定，待胶水干燥，舌状花粘牢。

⑫ 将8朵舌状花分2层粘贴，每层4朵，第二层贴于第一层的缝隙位置，两层花的粘贴高度一致。

⑬ 制作内层总苞片。先根据纸样裁切出形状，再用球棒按压出尖部后弯、下端圆弧内凹的姿态。用同样的方法
做出8片。

🆔 将 8 片内层总苞片分 2 层粘贴,每层 4 片。

🆖 用色粉(5)将内层总苞片刷成深色。

🆗 外层总苞片借助模具压出纹理和轮廓,用剪刀沿着轮廓剪出明确的形状。

🆙 在外层总苞片的内部刷白乳胶,中间穿入铁丝,贴紧内层总苞片基部,整个总苞片就组装好了。

🆚 将花头上的铁丝剪短,之后与事先准备好的花茎捆绑,表面包裹新黏土,蘸水打湿,处理接缝,使上下衔接一体。

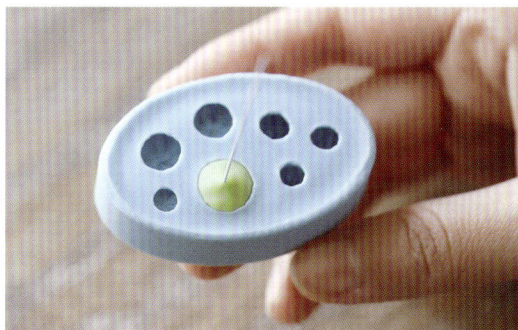

❶❾ 用花苞模具制作花苞，用法和管状花模具一致，在模具内部抹油防粘、填充黏土、插入铁丝（大花苞 26#，小花苞 28#）收口、冷冻（约 15 分钟），之后取出晾干。

❷⓿ 用色粉给花苞上色，侧边深绿色（4+3），顶端紫红色（1+2）。

❷❶ 借助步骤❶⓰ 的模具做出小号总苞片，将其粘贴在花苞下方，用黏土包出花梗，处理好花梗和总苞片的衔接，晾干。

㉒ 在主花梗的侧边扎洞，将花苞基部蘸强力胶后插入洞中。

㉓ 取少量黏土搓成水滴形，压扁，用水滴棒针左右擀压成小片，包裹于衔接处的下方。

㉔ 用色粉给外层总苞片的尖端刷深绿色（4+3）。

㉕ 完成后的效果，颜色可自由尝试。

冰岛虞美人

实物大小的纸样

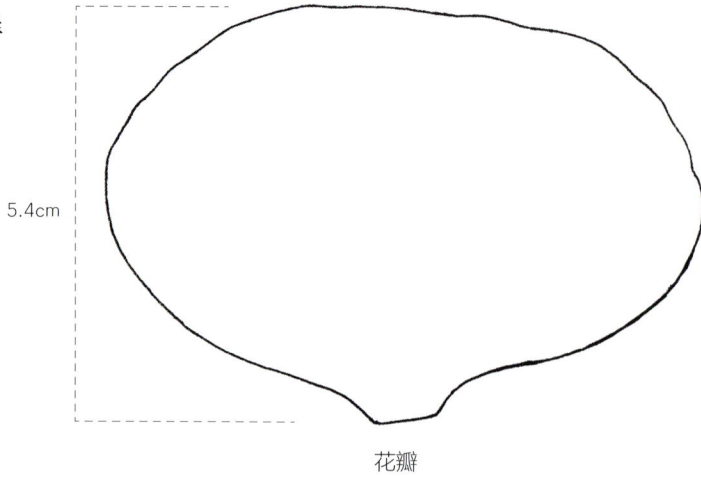

5.4cm

花瓣

调黏土底色的油画颜料

❶pebeo52 ❷pebeo03 ❸pebeo53
❹温莎牛顿（朱红）❺马利104

花瓣 4+5（微量）/ 花药 2+3/ 雌蕊 1+2/
花茎 1

表面上色色粉

❶PANPASTEL 100.5 ❷PANPASTEL 250.5
❸PANPASTEL 340.3

花瓣（上）1+2+3/ 花瓣（下）1+2

其他

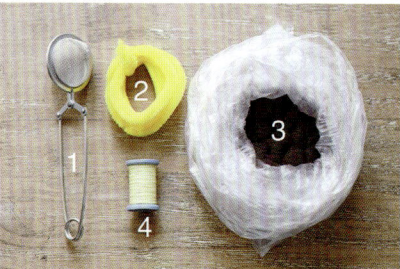

❶小筛网 ❷黄色扭扭棒 ❸咖色绒毛粉（3mm）
❹淡黄色蜡线（0.1mm）

黏土压面机挡位

花瓣 6 挡

制作过程

❶ 在雌蕊模具内部抹油防粘、塞入黏土，之后用球棒压实，去掉口部溢出的多余黏土。

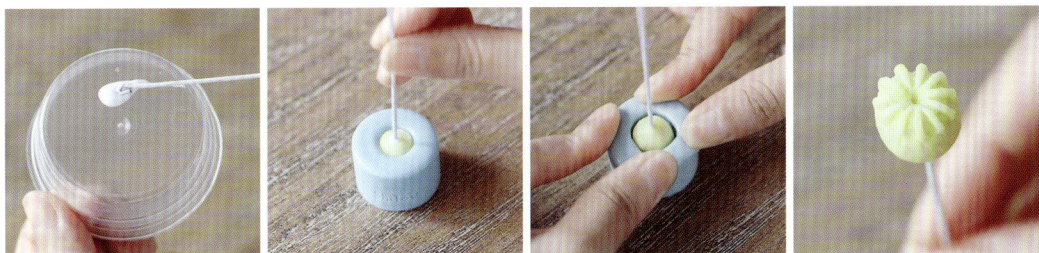

❷ 将铁丝（18#）头部打弯钩，蘸白乳胶后插入黏土中间一半深度。将铁丝四周的黏土收口，放入冰箱冷冻（约15分钟），之后撑开模具口部脱模取出做好的雌蕊，放置晾干。

❸ 在雌蕊侧边抹白乳胶，将咖色绒毛粉放入小筛网，均匀洒落在雌蕊表面，用指腹轻推绒毛粉，使其角度朝上贴合。

❹ 将黄色扭扭棒表面的毛绒剪成黄色短绒毛。在雌蕊的辐射状柱头上抹胶，用镊子夹取短绒毛粘于上方，所有柱头上方均这样处理，注意柱头之间形态分明。

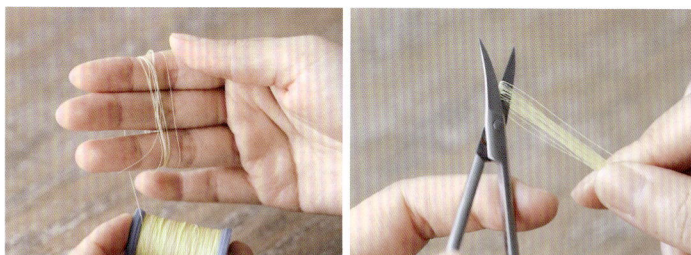

⑤ 将蜡线绕 3 指宽，一共绕约 150 圈（可分多次缠绕），之后将线圈两端剪开，分成约 300 根蜡线。

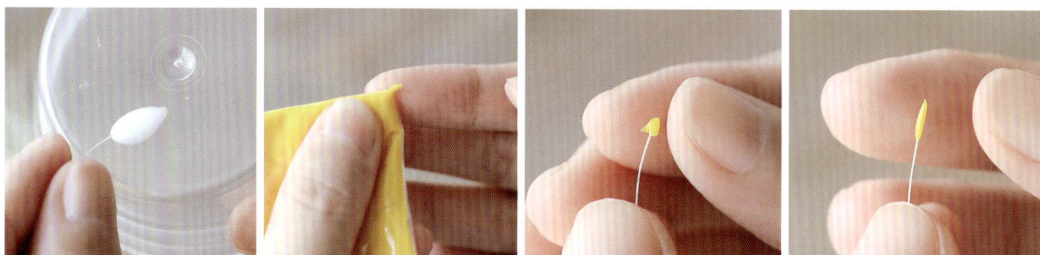

⑥ 在蜡线一端蘸白乳胶，取少量深黄色黏土，将黏土包裹于蜡线蘸胶的位置，之后将黏土搓成短条，做成花药。

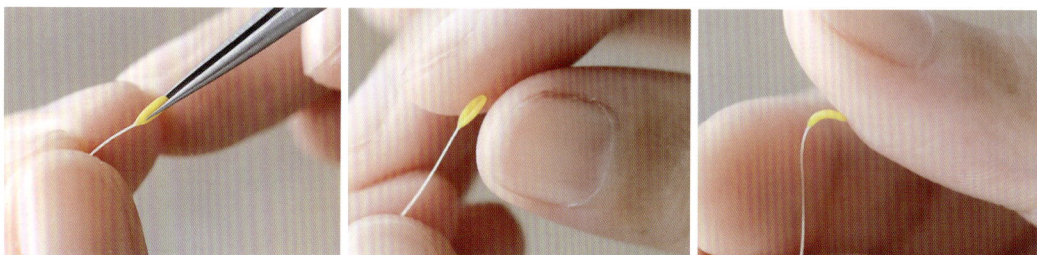

⑦ 用镊子在花药中间轻轻夹出一条中线，之后用手指压出后弯的姿态，一根雄蕊就做好了。用相同的方法做出约 300 根雄蕊。

⑧ 雄蕊 30 根为一组，顶端对齐，下方约 2.5cm 长的蜡线并拢，将强力胶挤在并拢处，溢出的胶水可用纸巾吸走。用相同的方法做出 10 组。

⑨ 将合并部位折出轻微弧度。先取 5 组，组装于雌蕊基部，用棉线固定。

⑩ 将剩余 5 组填充在前 5 组的缝隙间，使其均匀分布，在雌蕊基部挤强力胶，将雌蕊和雄蕊粘牢固。多余的线头贴根剪断。

扫码观看冰岛虞美人
花瓣造型演示

⑪ 根据纸样切割花瓣，扑粉防粘，之后用模具将花瓣压出纹理。

⑫ 在花瓣上端用 4 号迷你球棒压出起伏，正反面随机处理。

⓭ 将花瓣上边缘折叠，使其皱到一起，注意手指力度轻柔一点。

⓮ 将花瓣放于掌心，向内随机推皱。

⓯ 我们也可以随机切割一些小花瓣，形状大小自由尝试，用相同的方法压出纹理。

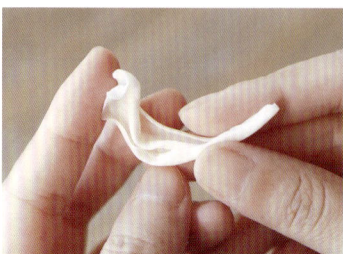

⓰ 用鸭嘴棒按压，使花瓣边缘卷曲，之后将花瓣随机向内推，使其皱到一起。

⓱ 将做好的花瓣置于波浪海绵表面凹陷位置，定型晾干。

⓲ 在花瓣上端用色粉（1+2+3）刷浅粉色，下端刷淡黄色（1+2）。

⓳ 共制作出约6片大花瓣，2~3片小花瓣。

20 在花瓣内侧基部涂抹强力胶，将其紧贴花蕊基部粘贴。先粘贴 1~2 片小花瓣，使其随机分布于最内侧，之后贴第一层的 3 片大花瓣。

21 第二层也是 3 片大花瓣，将其贴于上一层花瓣的缝隙位置，粘贴的高度一致。

22 拿出提前做好的花茎（内部铁丝 18#），将花头和花茎合并，包裹黏土，蘸水后进行上下衔接。晾干后花朵便完成了。

卷边弗朗

实物大小的纸样

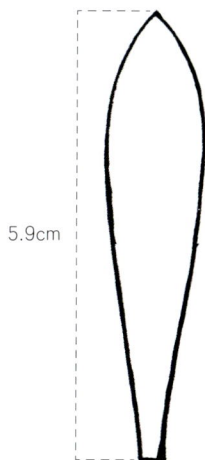

5.9cm

外层雌花舌状花冠

调黏土底色的油画颜料

❶pebeo52 ❷pebeo53 ❸马利104

外层雌花舌状花冠 2+3（微量）/ 苞片和花茎 1/ 中间绿色两性花 1/ 内层雌花管状花冠 2+3/ 小段的花蕊 2（多量）

表面上色油画颜料

温莎牛顿格里芬快干油画颜料

❶氧化铬绿 ❷永固沙普绿 ❸凡代棕

苞片和花茎 1+2+3

表面上色色粉

❶PANPASTEL 220.3 ❷PANPASTEL 660.5

外层雌花舌状花冠 1+2

其他

❶短毛粉 ❷小筛网

黏土压面机挡位

花瓣 6 挡

制作过程

❶ 在模具内部抹油防粘，之后塞入黏土（1），充分压实。

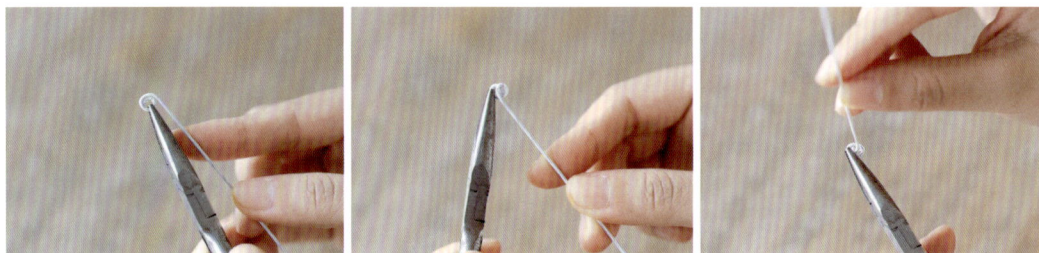

❷ 在铁丝（20#）顶端卷两圈，之后将铁丝圈从一侧拉至中间，用铁丝钳夹住铁丝圈弯折铁丝，使铁丝垂直于铁丝圈。

❸ 在铁丝圈的表面涂白乳胶，之后将其压入黏土中一半深度。

❹ 将铁丝四周的黏土收口，放入冰箱冷冻约15分钟，之后直接取出脱模晾干。中间绿色两性花部分就做好了。

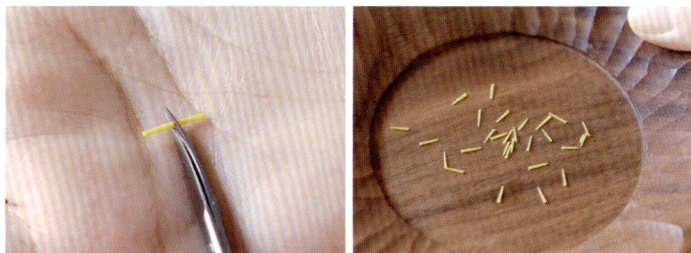

5 将深黄色黏土（2）搓成细长条，从中间剪开分成两段。多做一些，分好的黏土，每段不短于5mm，作为花蕊。

6 将黏土（2+3）裁切成左图形状的黏土片，扑粉防粘，用5号迷你金属头按压尖端，使其呈卷曲姿态。做出2片这样的黏土片，用于制作内层雌花的管状花冠。

7 将步骤**5**做好的深黄色黏土段基部蘸白乳胶，贴于黏土片背面上段，伸出3~4mm长。

8 在黏土片下半部分涂抹白乳胶，将两片黏土片背对背相贴，将深黄色黏土段夹于中间。用相同的方法做3~4片。

9 在黏土片下方刷白乳胶，将其贴于绿色两性花外圈，卷边部分要高出绿色两性花。粘贴3~4片，将其基部修剪得和绿色两性花在同一高度。内层雌花制作完成。

⑩ 根据纸样切割外层雌花的舌状花冠，扑粉防粘，选择一面刷色粉（1+2）处理成双面色花瓣，压出纹理。

⑪ 用鸭嘴棒将舌状花冠尖端压出卷边，再用手指顺时针或逆时针随意扭转花瓣。

⑫ 将做好的舌状花冠放置于波浪海绵上晾干。

⑬ 共制作 36 片舌状花冠，顺时针旋转的和逆时针旋转的约各一半。我们将浅黄色的一面视为正面，刷了绿色色粉的一面视为背面。

⑭ 在舌状花冠正面基部涂抹强力胶，之后将其贴于内层雌花侧边。

15 依次粘贴第一层的 18 片舌状花冠，注意选取的舌状花冠是顺时针旋转和逆时针旋转的随机搭配。

16 第二层舌状花冠数量也是 18 片，将每片舌状花冠贴于第一层的两片舌状花冠之间的缝隙位置，基部粘贴长度一致。

17 总苞片模具使用前，在内部抹油防粘，放入黏土（1）（直径约 2cm），贴于底部，用指腹将黏土从底部薄薄地往上推至覆盖侧边。总苞片的特征是底部厚，侧边薄。放入冰箱冷藏 20 分钟，之后推动模具边缘和底部脱模。

18 将牙签插入总苞片底部，黏土未干前避免用手触碰表面。用精细剪刀将总苞片的边缘轮廓修剪清晰，修剪时可观察模具留有的印记，无法分辨的部分凭感觉修剪即可，只需保证整体看起来和谐。修剪好晾干一段时间再组装。

19 待总苞片晾干定型后，在内部涂抹白乳胶，之后将其从中间插入花头下方的铁丝上，推至花头下方，使其紧贴、包裹住花头基部，这样总苞片就组装好了。

20 提前准备好花茎（铁丝 18#），将花头和花茎合并，之后包黏土、刷水，使其自然衔接。

㉑ 取小块黏土（1）搓成长水滴形，随机调整出 S 形，贴于总苞片基部作为外层总苞片，贴 3~4 片即可。

㉒ 用快干油画颜料（1+2+3）给总苞片和上半截花茎刷深绿色，注意避开舌状花冠。上完色后，晾 24 小时，将颜色晾干。

㉓ 颜色晾干后，在总苞片表面刷稀释的白乳胶（白乳胶和水按 2：1调和），注意避开舌状花冠。

㉔ 用小筛网将短毛粉均匀地洒落在总苞片上刷胶的部位，这样毛茸茸的效果就有了，我们的花朵也就全部完成了。

水仙百合（六出花）

实物大小的纸样

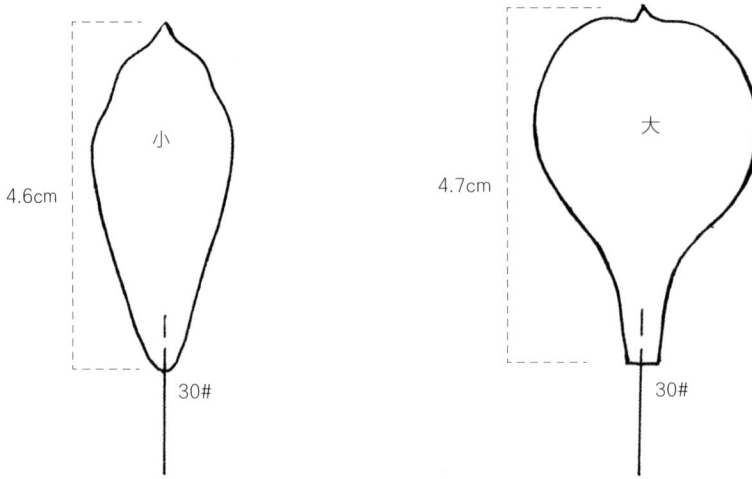

4.6cm

小

30#

4.7cm

大

30#

花瓣

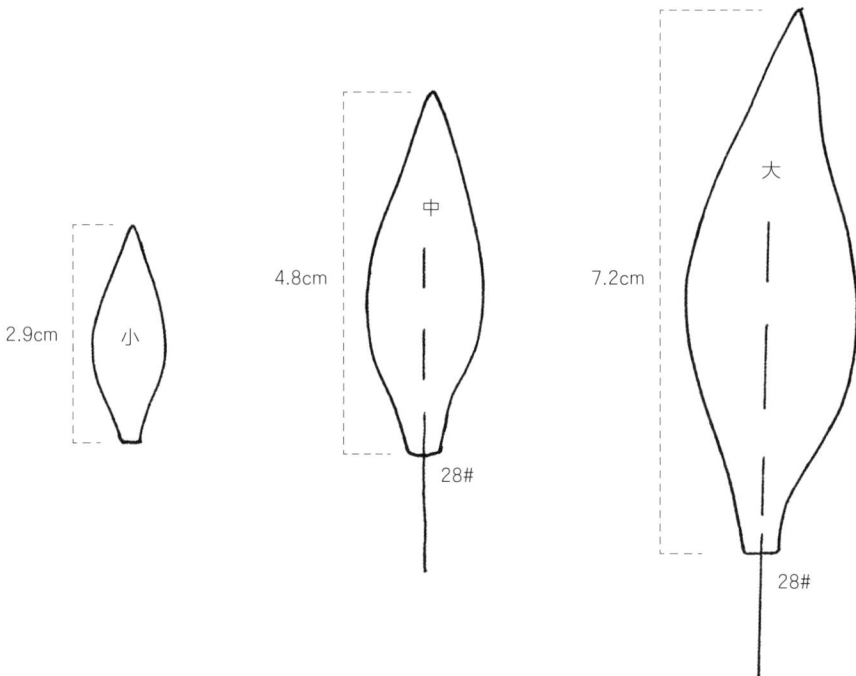

2.9cm

小

4.8cm

中

28#

7.2cm

大

28#

叶片

调黏土底色的油画颜料

❶ pebeo52 **❷** pebeo06 **❸** 马利 104

花瓣 2+3（微量）/ 花苞和叶片 1/
花药 1/ 花茎 1

表面上色油画颜料

温莎生顿格里芬快干油画颜料

❶ 氧化铬绿 **❷** 永固沙普绿 **❸** 凡代棕

叶片 1+2+3（微量）

表面上色丙烯颜料

❶ 深红 **❷** 熟赭

花瓣斑点 1+2

表面上色色粉

❶ PANPASTEL 340.3 **❷** PANPASTEL 660.5
❸ PANPASTEL 220.3 **❹** PANPASTEL 430.3

花瓣（粉）1+4/ 花瓣（尖绿）2+3/ 花瓣（基
部浅绿）2+3/ 花丝（上）1+4/ 花丝（下）
2+3/ 花茎（凹陷绿）2+3/ 花茎（凸起红）
1/ 花苞（绿）2/ 花苞（红）1

黏土压面机挡位

花瓣和叶片 6 挡

制作过程

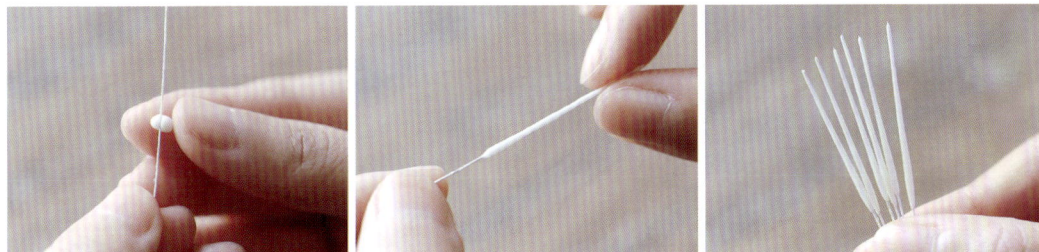

❶ 在铁丝（35#）中段包裹黏土，从下往上搓动黏土，使其包裹至铁丝顶端，形态下粗上细，一共做 6 根花丝。

❷ 在顶端涂抹白乳胶，包裹米粒大小的浅绿色黏土（1），将黏土搓成椭圆形，用弯头镊子均匀夹出 4 条棱边。

❸ 从顶端看，是明显的 4 条棱边，手指从中间轻捏，将它们分成两边，再微微后弯，花药就完成了。

❹ 在花丝上用色粉刷上淡淡的颜色，上段粉色（1+4），下段浅绿色（2+3）。随意调整花丝的曲线，6 根一组合并，接入主铁丝（26#），将花丝下方多余的铁丝（35#）去掉。

❺ 在铁丝（30#）顶端包裹小块黏土后压扁，将隔离膜打开粘贴到黏土皮上方再快速盖上膜。借助工具将铁丝上黏土的两边和黏土皮贴合压紧。需要注意的是，包裹铁丝的黏土要软化，这样才能更好地贴合下方的黏土皮。

❻ 根据纸样切割花瓣，借助细鸭嘴棒或其他工具将花瓣边缘向外推薄，只需处理上方 2/3，下方不需要处理。这步处理的主要目的，一是压薄，二是压出不规则的边缘。

❼ 如图所示，花瓣左边处理过，右边未处理，左边处理过后，边缘不规则，更加自然。用相同的方法将花瓣两边都处理好，所有大小花瓣都须如此处理。

❽ 边缘处理好后，扑粉防粘，压出纹理。

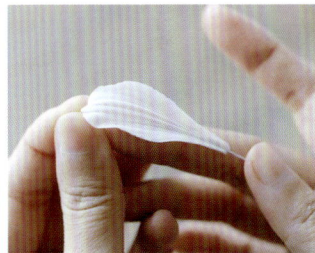

❾ 将窄花瓣顶端捏出明确的尖，并将花瓣形态调整至微微后弯。

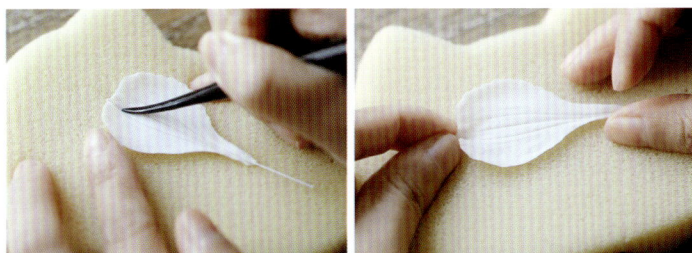

❿ 用鸭嘴棒轻轻压凹花瓣正面上端，用手捏出明确的花瓣尖。再用鸭嘴棒轻压花瓣背面中段，做出弯曲的弧度。花瓣两边大家也可以尝试自由造型。

⓫ 将做好的花瓣放于波浪海绵凹陷处晾干。一共需要6片花瓣，3片窄、3片宽。

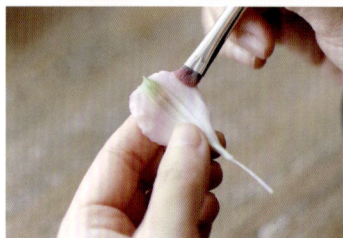

⓬ 花瓣晾干定型后，用色粉上色，尖端为明显的绿色（2+3），花瓣边缘为浅粉色（1+4），花瓣基部为浅绿色（2+3）。花瓣正反面都需要上色。

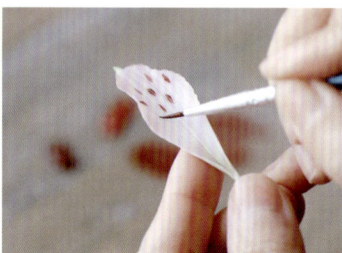

⓭ 窄花瓣表面有斑点状纹理，用丙烯颜料（1+2）调配出合适的颜色，用小号勾线笔蘸取颜料在花瓣表面画出斑点。这一步需要大家手稳，可以先在纸张上练习一下再画花瓣。

⓮ 共做出6片花瓣，效果如图，3片窄花瓣有斑点，3片宽花瓣没有斑点。

⓯ 窄花瓣在内，3片一圈贴合花蕊基部缠绕合并。

16 宽花瓣在外，3片一圈贴在上层窄花瓣之间的缝隙位置，可在花瓣内侧基部涂抹强力胶，使其粘贴紧，最后也需将基部铁丝缠绕合并。去掉花瓣下方多余的铁丝，只保留中间的花蕊铁丝（26#）。

17 取浅绿色黏土（1）包花茎，上端先包裹住花瓣基部，下方再均匀搓细。整体形态上粗下细。再快速蘸水处理接缝，让花茎和花朵基部自然衔接。

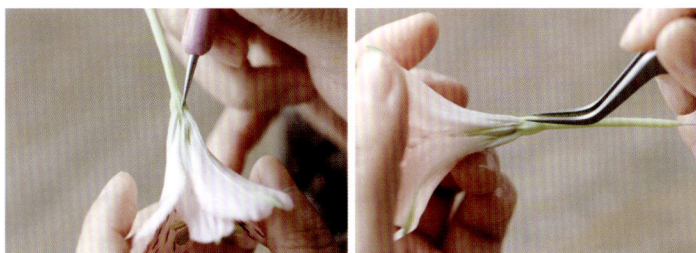

18 趁黏土还软的时候，用5号迷你球棒压出花瓣基部的纹理，沿着花瓣侧边压出凹陷，大致会分成6瓣，每瓣中间用镊子夹出凸起的棱边。如果可以做到，凸起最好是一直延伸到花茎，可以分多次进行，要保证每一条棱边都能自然衔接。

19 晾干后用色粉给花茎刷色，基部凹陷处刷绿色（2+3），凸起处轻刷红色（1）。

20 给花苞模具抹油防粘，用手指蘸油细致涂抹到模具内部的角角落落，模具共两半，都需如此处理。

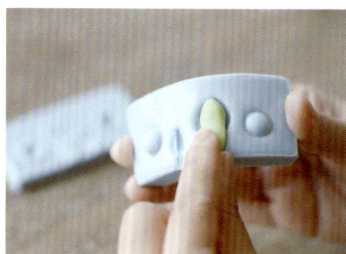

21 取少量黏土搓光滑，塞入模具，塞的时候模具口可以微微弯曲撑开，有助于充分填充，用手指多按压几次，使黏土填充到各个角落。

22 将多余黏土向上捏起，保证边缘轮廓清晰。用剪刀贴合模具上缘将多余的黏土去掉。

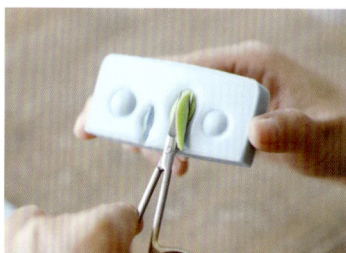

23 用刷水笔将黏土表面刷湿，水量要少，避免溢到两边。将铁丝（26#）放入黏土中间。

24 在模具另一边也用相同的方法塞入适量的黏土填充好。将两半模具找准定位孔合起来，用手按压使其贴合紧密，送入冰箱冷冻约15分钟。

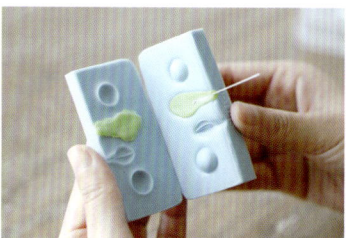

058

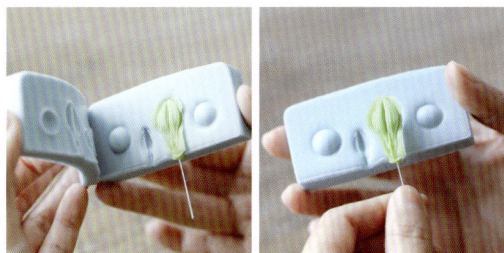

㉕ 脱模时微微撑开模具，方便将花苞取出。

㉖ 贴合花苞边缘的轮廓，仔细修剪掉多余的黏土。

㉗ 蘸水打湿接缝部位，注意水量不宜多，再用尖头软硅胶笔推动接缝口让它们自然衔接，请控制好推动幅度，只在接缝处，不要影响其他完整部位。

㉘ 将基部多余的黏土修剪掉，插起晾干。花苞有大有小，处理方法相同。

㉙ 花苞头晾干后，给它们包小截枝干再次晾干。用色粉给花苞上色，顶端刷深绿色（2），侧边局部随机刷红色（1）。

30 叶片用两片黏土夹铁丝（28#）对贴的方法制作。

31 根据纸样切割叶片形状，扑粉防粘，压出叶片纹理。

32 用鸭嘴棒给叶片边缘造型，正反面变换，让它拥有自然的形态，做好后置于波浪海绵上晾干。用相同的方法处理不同大小的叶片。

33 叶片晾干后用海绵蘸取快干油画颜料（1+2+3）按压上色，叶尾留一些底色，颜料晾干时间约24小时。

34 选择小号叶片，在其基部内侧涂抹强力胶，将其粘贴在花苞侧边。花苞下方的枝干剪短，基部留出4~5mm长的铁丝。

35 用钩针在花朵枝干侧边扎一个洞，深度要大于花苞下方预留铁丝的长度。在花苞基部涂抹强力胶，将其插入洞中，用手固定至胶水干燥。

36 叶片也用相同的方法组装到花茎另一侧，固定好之后，用小块黏土处理好接口。

37 有的花带花苞，有的可以不带，大家可自由尝试。花蕊的高度和花瓣基本一致。图示为 3 枝花。

38 须提前准备好主花茎（铁丝 18#），将三枝花和主花茎缠绕合并后，去掉花朵下方多余的铁丝，只保留主花茎。用黏土包花茎，蘸水进行上下衔接，晾干。

39 在主花茎顶端，也就是小花花梗的基部，用插入洞口的方式随机组装叶片，一般规律是小叶片在上，大叶片在下，处理好衔接处，这枝花就完成了。

玫瑰（实为月季）

实物大小的纸样

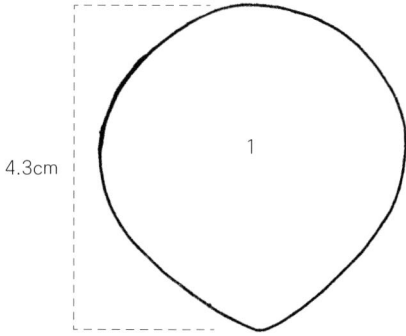

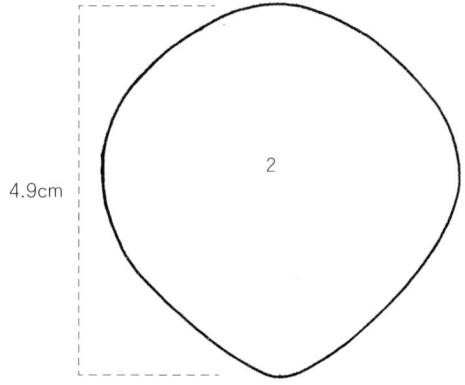

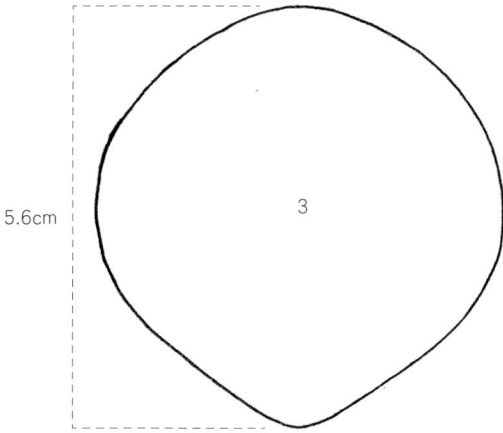

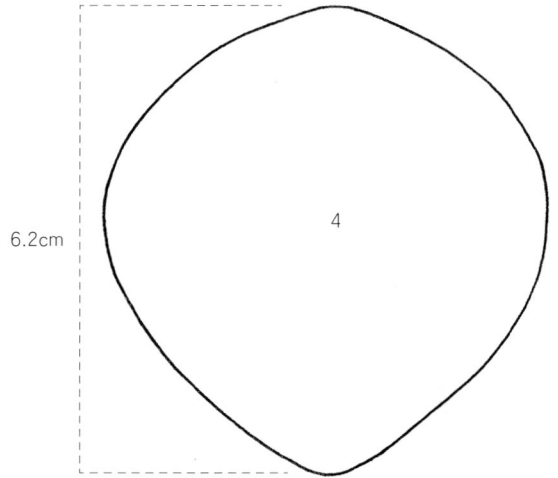

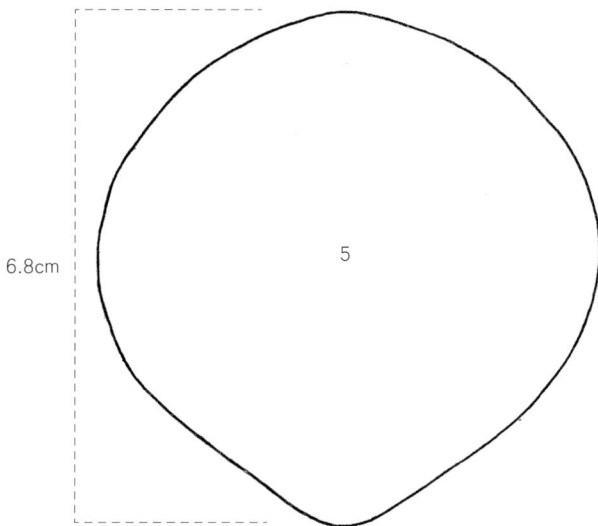

4.3cm 1

4.9cm 2

5.6cm 3

6.2cm 4

6.8cm 5

花瓣

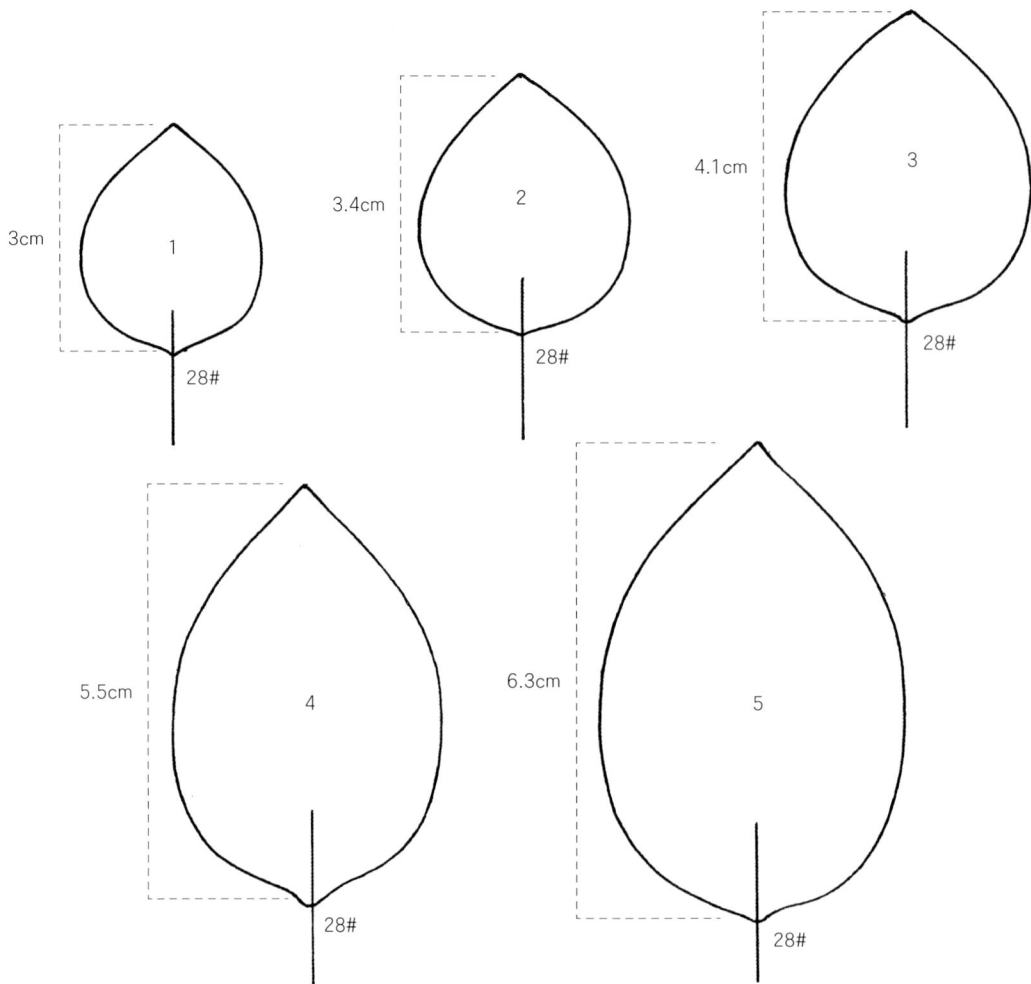

3cm

3.4cm

4.1cm

1

2

3

28#

28#

28#

5.5cm

6.3cm

4

5

28#

28#

叶子

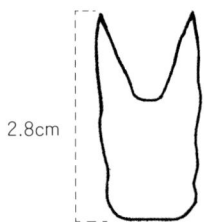

2.8cm

托叶

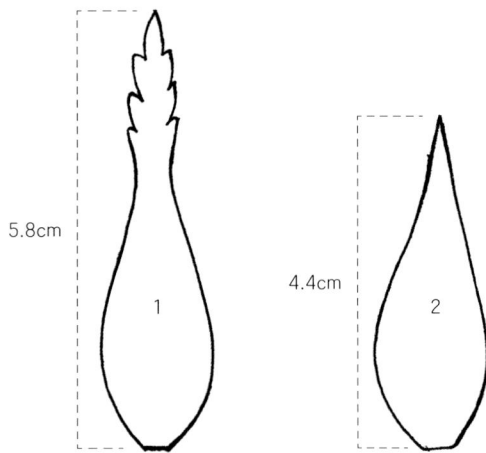

5.8cm

4.4cm

1

2

萼片

调黏土底色的油画颜料

❶ pebeo52 ❷ pebeo50 ❸ 马利104

花瓣 2+3（微量）/ 萼片、托叶、
叶子和枝干 1

表面上色油画颜料

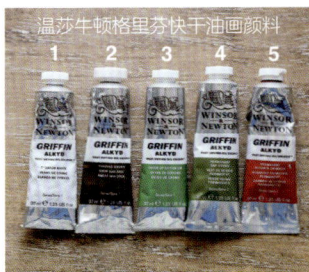

温莎牛顿格里芬快干油画颜料

❶ 钛白 ❷ 凡代棕 ❸ 氧化铬绿
❹ 永固沙普绿 ❺ 永固茜红

萼片、叶子正面 3+4+2/ 叶子背
面 1/ 皮刺（红）5

表面上色色粉

❶ PANPASTEL 430.3
❷ PANPASTEL 340.1
❸ PANPASTEL 380.1
❹ PANPASTEL 680.5
❺ PANPASTEL 220.1

花瓣（紫红）1+2/ 花瓣（棕）3/
花瓣（黄绿）5+4/ 托叶 5/ 叶片（红）
2/ 萼片（红）2

黏土压面机挡位

花瓣 7 挡、叶子 6 挡（对贴）、
花萼 6 挡

制作过程

❶ 首先利用超轻黏土搓
出水滴形（高 3.5cm，
宽 3cm）打底内芯，将
铁丝（18#）蘸白乳胶，
从黏土底部中心位置插
入内部约一半深度，隔
夜晾干，第二天使用。

❷ 1 号花瓣约需 15 片，
参考纸样进行切割，用
模具压出纹理。先选 2
片花瓣交叉包裹，顶端
形成尖尖，彻底遮盖超
轻黏土打底内芯。

❸ 剩余的 13 片 1 号花瓣可三三两两组合，如图是 3 片一组，每片前后
微微错开，在内侧中间刷白乳胶，前后粘贴固定。

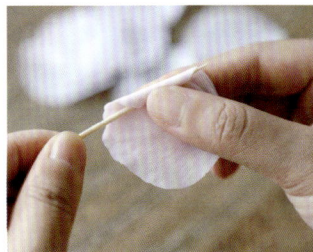

❹ 利用牙签将花瓣的一边进行
卷曲。

⑤ 在卷边部位刷白乳胶，贴紧尖端位置进行粘贴。

⑥ 继续在卷边部位刷白乳胶，贴紧尖端，以此规律 3 片或 2 片一组沿着内侧紧密围绕一圈。

⑦ 随机选择一两片花瓣对折穿插进去，可以打破规律，更有意思。

⑧ 从侧边看花瓣高度是上升的，所以粘贴时不要向下移，花瓣是一点点在升高。

⑨ 2 号花瓣约需 10 片，根据纸样制作。组装时，可自由尝试组合，和 1 号花瓣形成穿插，花瓣高度依然高于内层。

⑩ 3 号花瓣约需 5 片，根据纸样制作。花瓣上边缘先用色粉晕染一些紫红色（1+2），之后做好扑粉防粘，在花瓣下方中间剪出开叉。（1 号和 2 号花瓣无须这步，从 3 号花瓣开始，后面的型号全部剪开叉）。

⓫ 将 3 号花瓣放入纹理模具，开叉部位根据模具弧度形成重叠（契合模具弧度即可），压出纹理。

⓬ 压好纹理后，用大号球棒滚压下端凹陷部位，加深凹陷感。

⓭ 将花瓣转移到海绵上，用鸭嘴棒侧拉上端和边缘，做出后弯卷边的姿态。

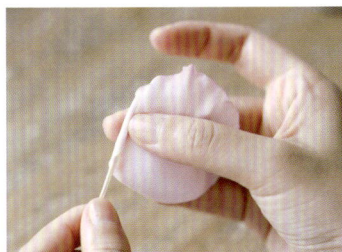

⓮ 利用牙签给花瓣两侧做外卷边，用手调整花瓣姿态，使其上边缘后弯。

⓯ 提前自制花瓣定型工具，将造型好的花瓣放于工具（内外均可）上，贴合弧度静置晾干。

⓰ 随机组合，可 2 片一组也可单片。

⓱ 在花瓣内侧涂抹白乳胶，在外侧粘贴一圈。从 3 号花瓣开始，粘贴不再需要升高，可以和上层的 2 号花瓣高度持平或微微下降，因为从这层开始，花瓣渐渐开放。

18 4 号花瓣约需 5 片，用相同的方法造型晾干。

19 ④号花瓣粘贴时，高度渐渐下降，呈现开放姿态，从顶端看花瓣前后空间也在变大，不需要像 1 号、2 号花瓣包裹得那么紧密。

20 5 号花瓣需要 2~5 片，在花瓣边缘随机划出大大小小的破边或缺口。

21 在花瓣边缘刷色粉（1+2），着重加深有缺口的部位。

22 用相同的规律给花瓣造型，5 号花瓣需要在正面中间位置用鸭嘴棒侧拉出一条中线，从背面看是向后凸起的线条。

23 将处理好的花瓣置于定型工具上方晾干。

24 破损较多的花瓣在造型时卷曲的幅度可以更大，用鸭嘴棒在花瓣背面造型时力度略大一些，让其卷曲更明显。

25 正面中间位置依然拉出中线。

㉖ 破损的花瓣可以置于大号波浪海绵的凹陷位置定型晾干。

㉗ 晾干后给花瓣上色，用紫红色色粉（1+2）加深边缘缺口部位，再用黄绿色色粉（5+4）刷下半部分，使花瓣基部呈现出淡淡的黄绿渐变效果。

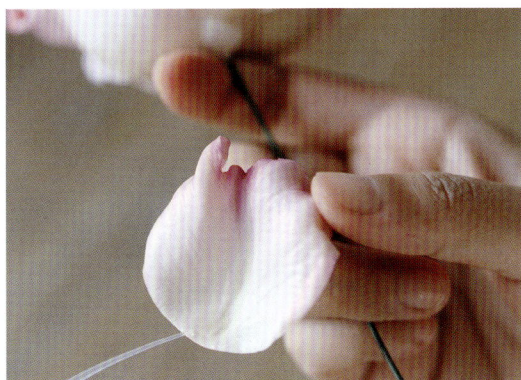

㉘ 在 5 号花瓣内侧基部涂抹强力胶，将其粘贴于花朵底部。此处只用到 3 片，最外层花瓣的数量很随机，大家可根据自己想要的效果来选择。

㉙ 花头做好之后，从正面观察一下整体效果，有些花瓣造型时不经意形成的破损部位，可顺势用色粉（1+2）加深，让它凸显出来，会更有意思。

30 外层破边、缺口部位，用棕色色粉（3）再加深一下。

31 根据纸样切割萼片、压出纹理，用鸭嘴棒在背面从上往下侧拉，让萼片的尖向后卷曲，用手指调整姿态。

32 将做好的萼片置于大号波浪海绵的凹陷位置晾干。

33 晾约 5 分钟，在萼片侧边剪出细小的开叉刺边。

34 根据纸样切割出不同型号的叶子，压出纹理，用球棒调整叶片姿态。

35 将做好的大叶片置于大号波浪海绵边缘位置晾干，叶尖从边缘垂落。

36 将小叶片置于小号波浪海绵上晾干。

37 叶片晾干后，用黏土在下方铁丝外围搓出叶柄。

38 给叶片上色，背面用白色快干油画颜料（1）薄刷一层。

39 正面用海绵蘸取混好的绿色油画颜料（3+4+2）按压上色。

40 所有叶片用相同的方法进行上色。

41 萼片也用叶子正面同款的绿色油画颜料（3+4+2）上色，着重刷侧边，呈现中间浅两边深的效果。

42 组合叶片时，上方1片，下方2片左右对称、大小一致，下方叶片小于上方叶片。中间并入铁丝（26#）。

43 用黏土包裹铁丝，上下衔接，使其粗细一致，刷水处理接缝，使其衔接自然。

44 如果想要做5片一组的效果，用相同的方法向下再合并一组叶片，组合规律是：从上往下，叶片型号依次从大变小。

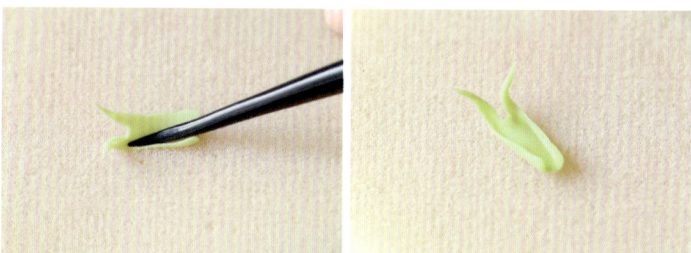

45 根据纸样切割托叶，用鸭嘴棒侧拉两边，做出卷边造型。

46 在叶柄正面下方刷白乳胶。

47 将托叶中间对准叶柄底部贴好，卷边朝向后方。用硅胶笔蘸水，使其自然衔接。

48 在托叶两侧用色粉刷深绿色（5），所有叶片组合都这样处理。

49 在小号叶片边缘用色粉（2）刷出泛红的效果，小叶连接部位也刷红。

50 叶片上色完成后效果。

51 萼片边缘也可随机刷红色色粉（2）。

52 在花萼内侧基部涂抹强力胶，将其粘贴在花朵底部，5片一圈。

53 转动花朵下方的铁丝，将其脱离，在洞口填充强力胶，将准备好的枝干替换原来的铁丝插入洞口。

54 在花朵与枝干的衔接处包裹黏土，使其自然衔接。

55 再将叶片组装到枝干两侧，处理接缝，使其自然衔接。

56 用软化过的黏土拉出黏土尖。

57 用指腹给黏土尖调整出轻微的弧度。

58 将黏土尖剪下来，晾干定型，月季的皮刺就做好了。

59 晾干后，在皮刺基部涂抹强力胶，将其贴在枝干上，用指腹蘸少量红色油画颜料（5）擦在皮刺尖端，呈现尖端泛红的鲜嫩的皮刺效果。

60 整枝花朵制作完成。

花毛茛（洋牡丹）

实物大小的纸样

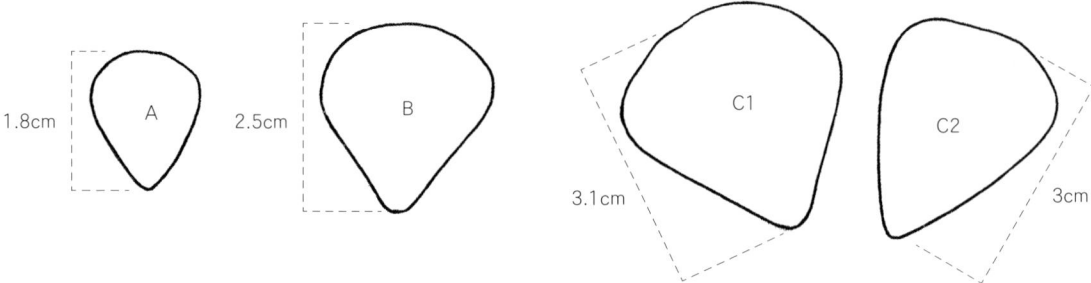

1.8cm　A

2.5cm　B

3.1cm　C1　C2　3cm

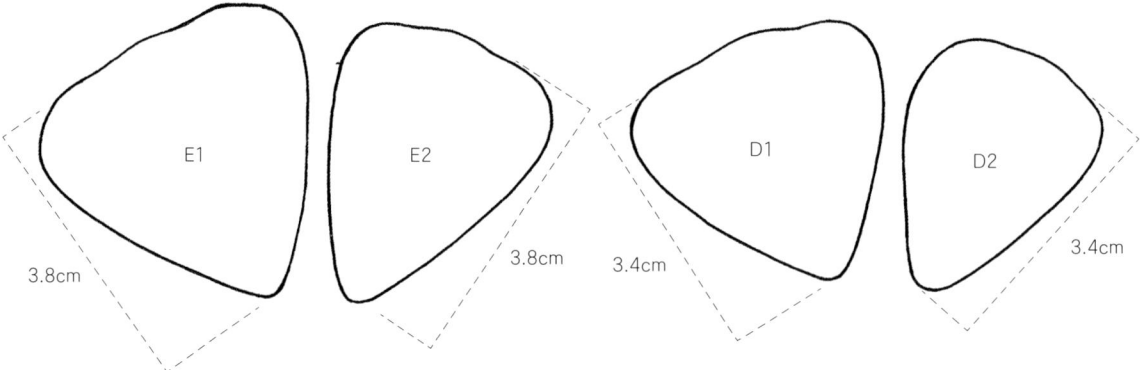

3.8cm　E1　E2　3.8cm

3.4cm　D1　D2　3.4cm

花瓣

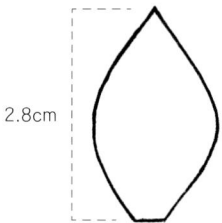

2.8cm

萼片

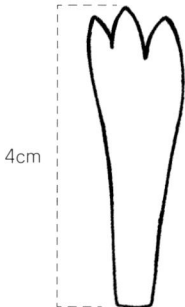

4cm

叶子

076

调黏土底色的油画颜料

❶ pebeo52 ❷ 温莎牛顿格里芬（永固茜红）
❸ 马利 104

浅绿色花瓣 1+3/ 粉色花瓣 2+3/ 花蕊 1+3/
花茎 1/ 叶片 1/ 花萼 1

表面上色色粉

❶ PANPASTEL 340.1 ❷ PANPASTEL 380.1
❸ PANPASTEL 660.3 ❹ PANPASTEL 220.1

花蕊 2/ 花瓣（粉）1/ 花瓣（棕）2/ 萼片（绿）
3+4/ 萼片（红）1/ 叶片 3+4

黏土压面机挡位

花瓣 8 挡、花萼和叶子 6 挡

制作过程

❶ 用超轻黏土搓出直径约 2cm 的球形做打底内芯，在铁丝（18#）顶端打弯钩，蘸白乳胶，从黏土球底部中间插入约一半深度，做好后晾 24 小时再使用。

❷ 先根据纸样中的花瓣 A 切割出一片小号浅绿色花瓣（1），将超轻黏土内芯顶端覆盖住。

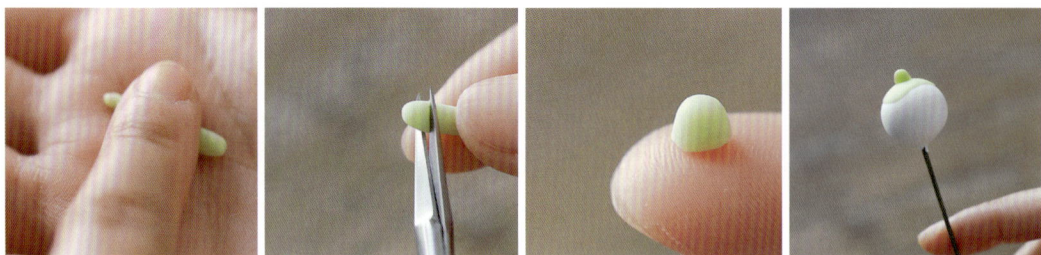

❸ 将浅绿色黏土（1+3）搓成长条，轻轻压扁，将前端剪下来。在黏土底部涂白乳胶，将其贴在白色黏土内芯顶端，作为伸出来的中间花蕊。

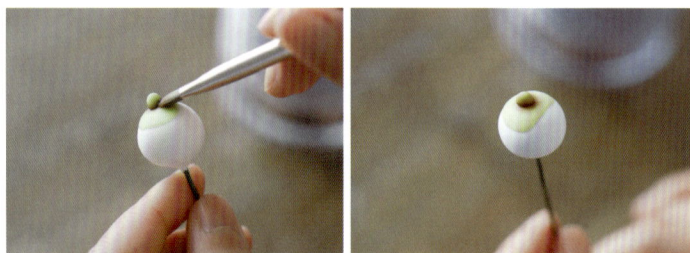

❹ 将浅绿色黏土球花蕊基部用色粉刷上棕色（2），顶端的浅绿色要保留。

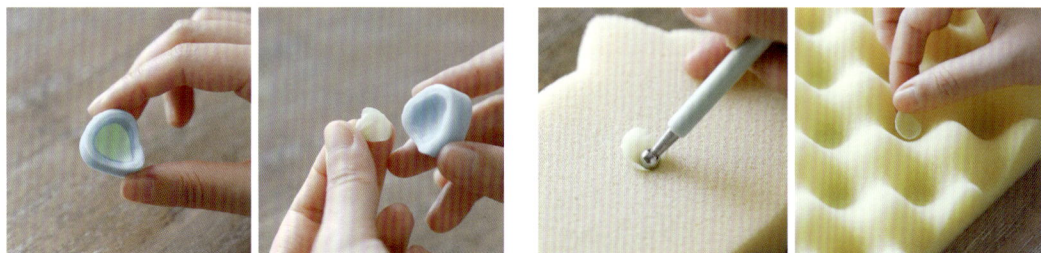

❺ 根据纸样切割其他花瓣，扑粉防粘，将花瓣压出纹理。

❻ 用球棒滚压花瓣的宽的部位，压出饱满的弧度，将其置于波浪海绵的凹陷处晾干。

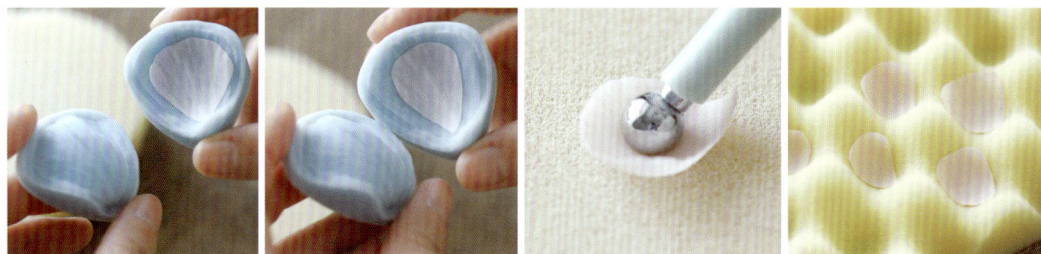

❼ 花瓣有不同大小和形状，用相同的流程处理。用球棒造型时，花瓣越小，弧度越要饱满。

❽ 大号花瓣可随机选择边缘的部分，处理出缺口，再给花瓣压纹理。

❾ 花瓣造型时，除了滚压正面，也可以在背面一侧压出后弯的卷曲姿态，可灵活尝试。

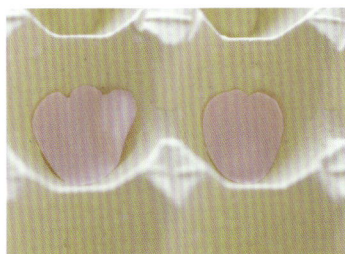

❿ 对于大号花瓣来说，波浪海绵的弧度不够，所以将它们置于鸡蛋托内晾干。

⓫ 用色粉（1）在花瓣边缘刷淡淡的粉色，从上往下，粉色由深变浅，缺口部位可加深颜色。

⓬ 左图为一朵花毛茛需要的花瓣：A 花瓣两个颜色，浅绿色和白色数量均分，共约 30 片；B 花瓣约 24 片；C 花瓣 C1、C2 均分，共约 24 片；D 花瓣 D1、D2 均分，共约 20 片；E 花瓣 E1、E2 均分，共约 24 片。以上数量仅供参考，可根据自己的喜好自由调整。

⓭ 在花瓣基部刷白乳胶，左右错开粘贴，三三两两随机组合。

❶❹ 第一层选择浅绿色 A 花瓣，紧贴中间的花蕊围绕粘贴。

❶❺ 第二层选择白色 A 花瓣，粘贴时向上移，留出约 2mm，保证可以看到第一层花瓣的边缘。绕一圈，随机粘贴。

❶❻ 第三层选择 B 花瓣，绕圈随机粘贴，越往外层花瓣渐渐打开，中心层的花瓣一点点往上走，中间绿色花蕊被花瓣包裹而陷在内部。如果花蕊像眼球一样凸出来，那是不太对的，这是花瓣位置降低导致的，所以提醒大家粘贴内层花瓣时需要逐渐升高。

🔟 第 4 层选择 C 花瓣，依然绕圈随机粘贴，花瓣渐渐打开，侧边高度与上层持平。

🔟 第 5 层选择 D 花瓣，继续绕圈随机粘贴，花瓣开放，侧边位置下降，此时黏土内芯底部没有被完全包裹，所以不要降太急。

🔟 最后一层选择 E 花瓣，随机粘贴，尽量不要出现明显的花瓣数量不一、重心失衡的情况，从顶端看花瓣分布匀称。最后一层花瓣要降到底，覆盖住黏土内芯底部。

🔟 花头完成后，在有缺口的花瓣边缘处用色粉（2）刷少量棕色，营造破边衰败的效果，注意棕色面积不要过度。

🔟 根据纸样切割萼片，在模具中扑粉防粘，压出萼片纹理、晾干。

🔟 在萼片的尖部用色粉刷深绿色（3+4），侧边略刷点红色（1）。

23 在萼片内侧基部涂抹胶水，将其粘贴于花头底部，5 片一圈。

24 提前准备好花茎（铁丝 16#），将其与花头组装到一起。

25 在铁丝外包黏土，刷水处理黏土表面，使花和花茎自然衔接。

26 根据纸样切割叶片，扑粉防粘，压出纹理，晾干。将叶片尖端用色粉刷成深绿色（3+4），之后在叶片内侧基部涂抹胶水，将其粘贴于花茎侧边。

27 随机切割小条黏土包裹在叶片基部，下方刷水与枝干衔接，干燥后用色粉（2）在上边缘刷棕色，营造破败效果，花朵就完成了。

实物大小的纸样

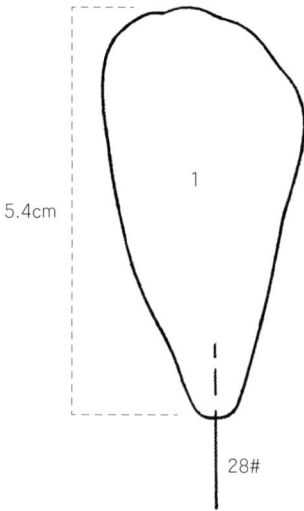

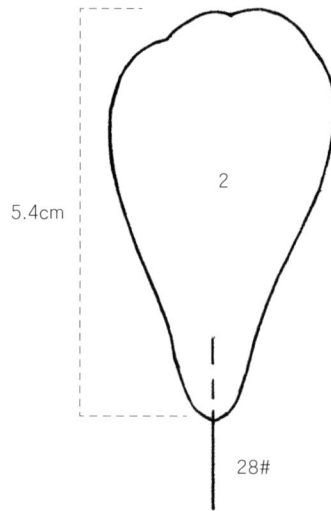

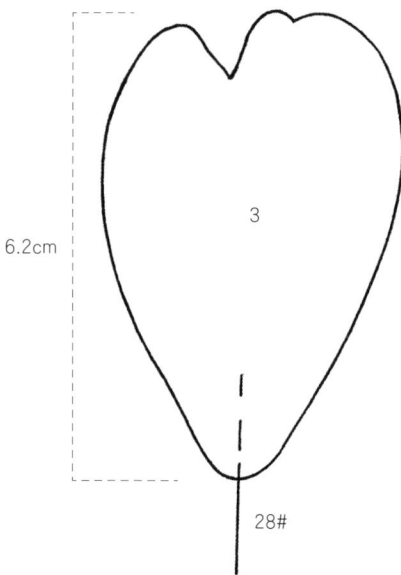

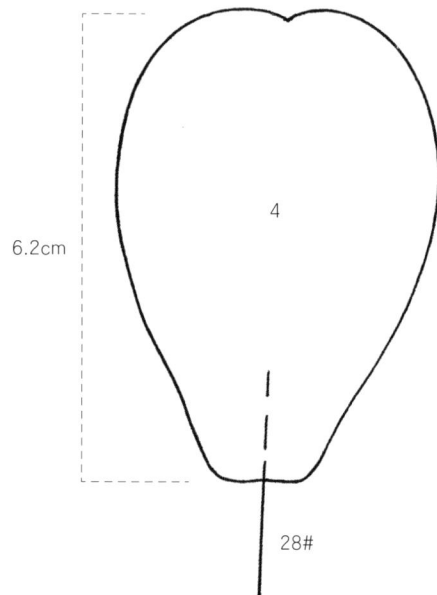

1

5.4cm

28#

2

5.4cm

28#

3

6.2cm

28#

4

6.2cm

28#

花瓣

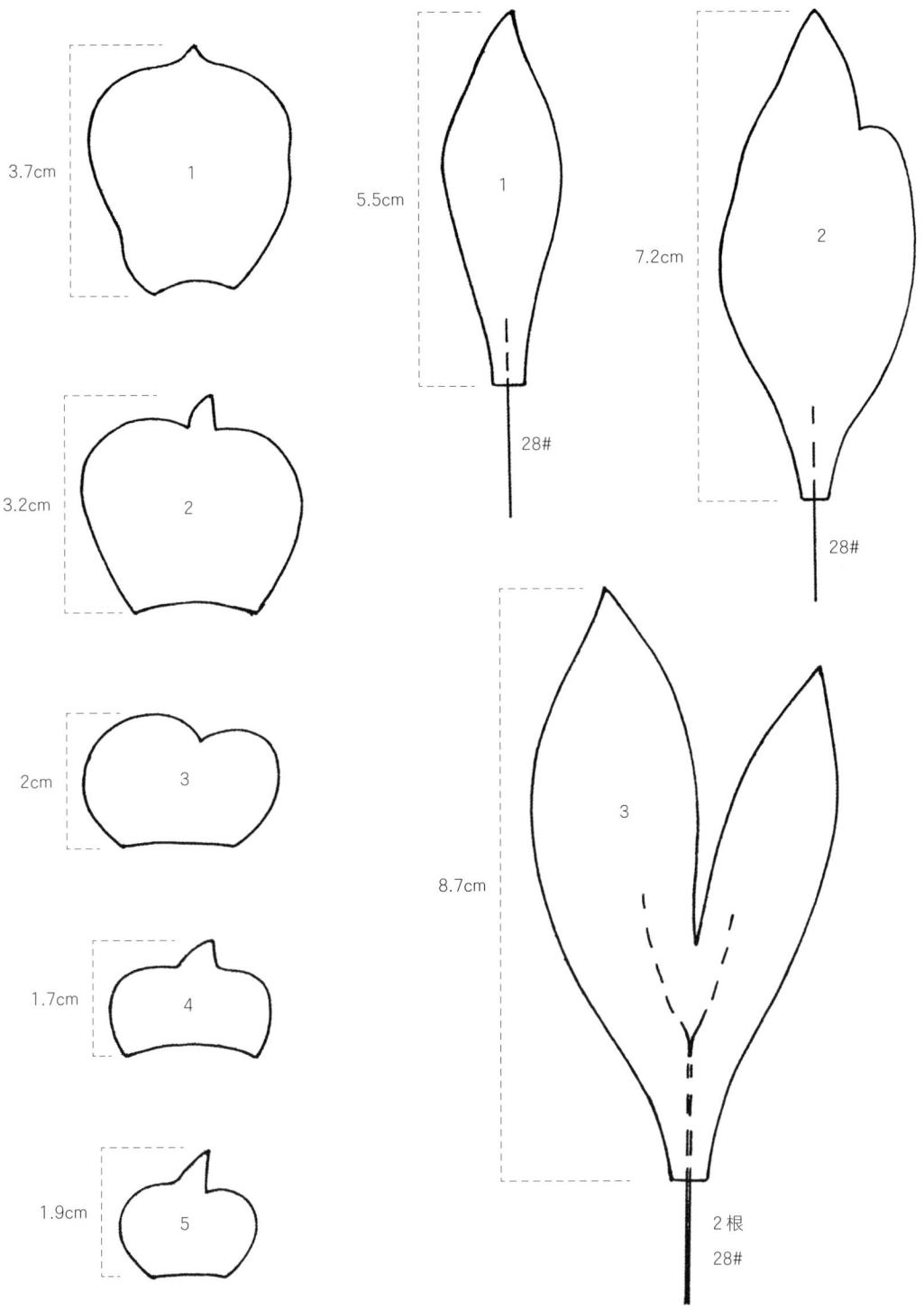

3.7cm　1

5.5cm　1

28#

7.2cm　2

28#

3.2cm　2

2cm　3

8.7cm　3

1.7cm　4

1.9cm　5

2根
28#

萼片

叶子

085

调黏土底色的油画颜料

❶pebeo52 ❷pebeo53 ❸温莎牛顿格里芬
（温莎红）❹马利104

花丝2（非常少量）/花瓣3+4（微量）/
花药2（多量）/叶片和花茎1

表面上色油画颜料

温莎牛顿格里芬快干油画颜料

❶氧化铬绿 ❷永固沙普绿 ❸中镉黄
❹温莎红

叶片和萼片、花茎（绿）1+2/叶片和萼片
（边缘红）3+4

表面上色色粉

❶PANPASTEL 340.3 ❷PANPASTEL 280.5
❸PANPASTEL 270.5 ❹PANPASTEL 220.3
❺PANPASTEL 430.3

花瓣1+2/花药3/雌蕊（上紫红）1+5/
雌蕊（下绿）4

其他

❶小包装袋 ❷纸巾

黏土压面机挡位

花瓣和萼片6挡、叶片6挡（对贴）

制作过程

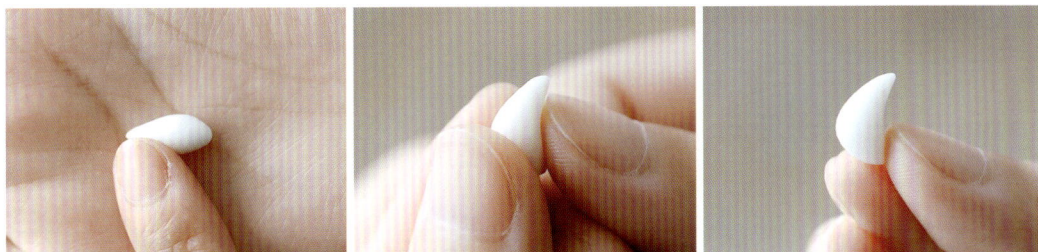

❶ 将黏土搓成水滴形，用指腹推出背部拱起的月牙弧。

❷ 用指腹捏薄尖端和弧度上缘，捏出薄裙边效果，用 2 号迷你球棒两面推动，压出波浪边。

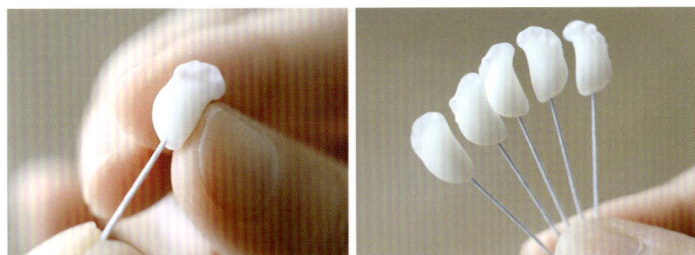

❸ 将铁丝（26#）蘸白乳胶后从黏土底部插入，月牙弧形黏土需要 5 根，高度约 1.2cm，大小可做出一些变化。

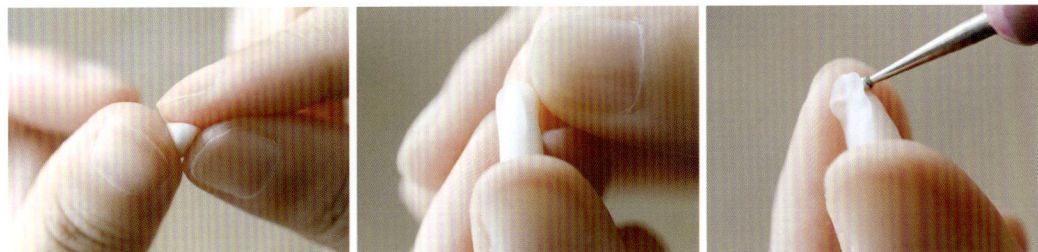

❹ 用黏土搓成水滴形，这个水滴形头小身胖，直上直下，不需要弧度。用指腹挤压上部，使其呈三角状，将上边缘捏出薄边，用迷你球棒按压出波浪状弧度。

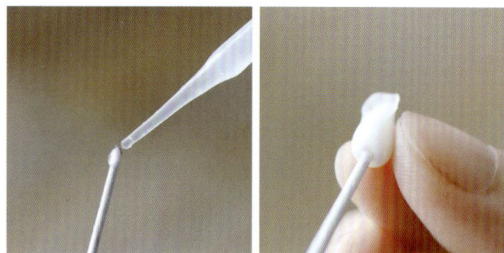

5 在铁丝（18#）一端涂上强力胶，将其从黏土底部插入，这个形状的黏土只需1根。

6 取小块黏土加几滴水搅拌稀释成黏土浆，再将黏土浆刷在做好的6根黏土的身体部位，避开上端的波浪状薄边。

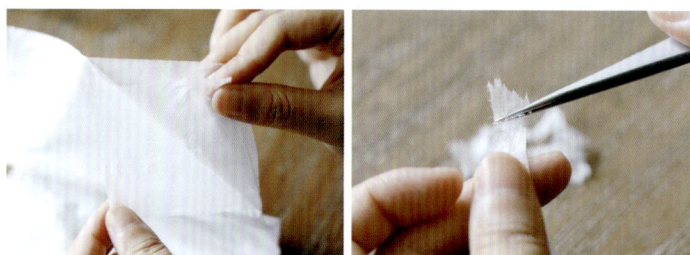

7 拿出日用纸巾将它们分层，再将单层的纸巾撕成小片。

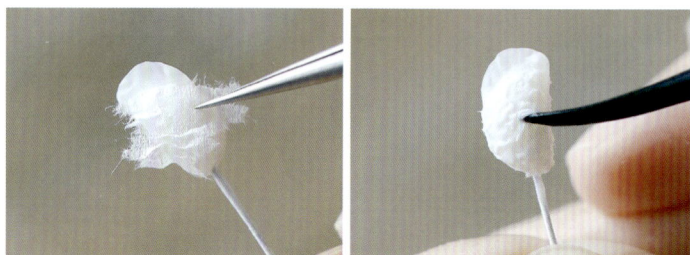

8 将小纸片贴于黏土的表面，此时黏土浆起到了天然胶水的作用。纸片粘贴得越密集，褶皱的肌理越明显，所以大家要多贴一些，黏土浆不够就补，也可以借助工具将纸片推皱。以上操作我们要注意避开波浪边，用相同的方法处理所有黏土。

9 纸片干燥后和黏土融为一体，形成自然的褶皱肌理。上方波浪状薄边用色粉刷成紫红色（1+5），下方褶皱状身体用色粉刷成淡淡的黄绿色（4）。

10 用相同的方法处理6根黏土。

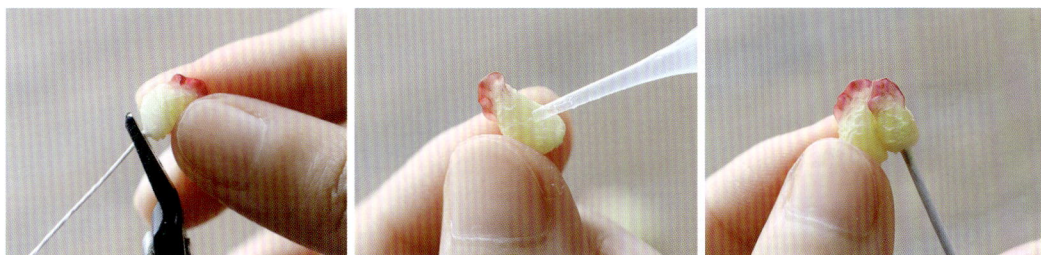

⓫ 将 5 个月牙形黏土底部的铁丝贴根剪断，在凹的一面涂抹强力胶，将其紧贴到直的水滴形黏土的侧边。

⓬ 将 5 根月牙形黏土围绕直立水滴形黏土侧边贴一圈，只保留中间水滴形黏土的铁丝（18#），雌蕊就做好了。

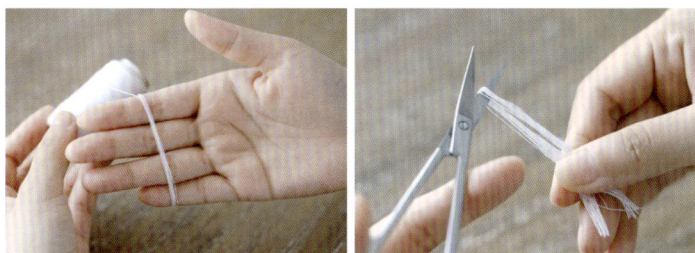

⓭ 将棉白线绕 4 指宽，共绕约 50 圈，在两端剪开，得到约 100 根棉白线。

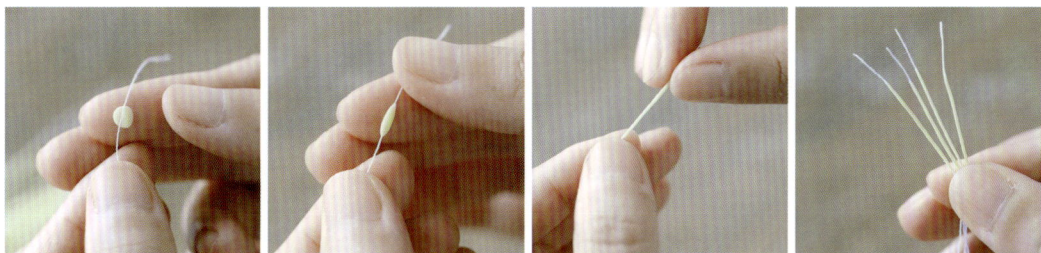

⓮ 取一点淡黄色黏土（2）包裹在白线中段，制作花丝。将黏土搓细，长度约 2cm、粗约 1mm，前端留出一点空线头。

⓯ 在前端空出的线头上包裹深黄色黏土（2），制作花药。将黏土搓细，长约1.5cm，粗2~3mm。

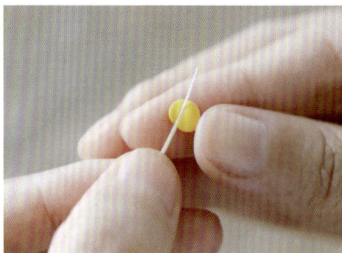

⓰ 用弯头镊子在花药侧边夹出4条棱边，再用手将其扭转出弧度。

⓱ 用相同的方法做出约100根雄蕊。

⓲ 将雄蕊10根一组，分成10组。将顶端对齐，在下方约3.5cm处用细铜丝夹紧，扭紧铜丝固定。

⓳ 用色粉（3）加深花药上端。

20 将雄蕊 5 组粘一圈，分成 2 圈粘贴。第一圈选雌蕊基部缝隙处挤强力胶粘贴固定。

21 贴根剪掉多余的线头。

22 第 2 圈每组贴于上一圈预留的缝隙处，贴好后剪掉基部的线头。

23 全部粘贴完，用手轻推雄蕊让它们蓬松散开。

24 根据纸样切割花瓣，选择个别花瓣在上端随机切割出缺口，让它们的形状有所变化。

㉕ 在花瓣下端剪出约 1.5cm 长的开叉，用铁丝（28#）蘸强力胶，将其置于开叉处，用两边的黏土重叠包裹住铁丝。

㉖ 用模具将花瓣压出纹理，之后用球棒滚动花瓣中间做出弧度，造型完成后将花瓣置于自制定型工具上方晾干。

㉗ 用相同的方法接入铁丝、压纹理、压弧度，置于定型工具上方晾干，做多一些花瓣。注意花瓣造型时弧度要足够饱满。

扫码观看小号'落日珊瑚'
芍药花瓣造型演示

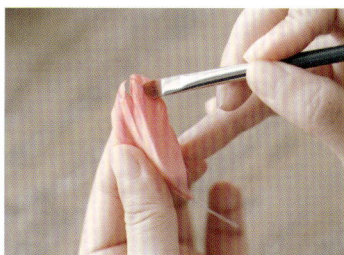

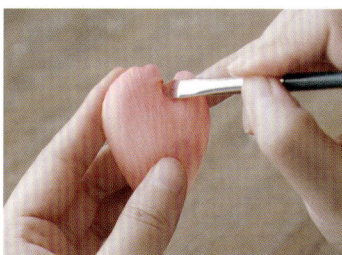

㉘ 花瓣晾干后用色粉刷珊瑚红
（1+2），颜色从上往下由深变浅。
笔头的色粉不宜多，反复多次叠加，
颜色更细腻。

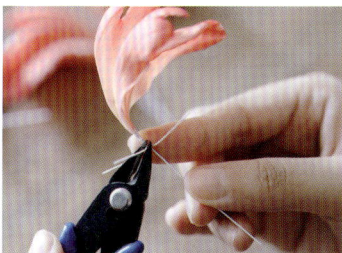

㉙ 随机组合花瓣，例如小号花瓣 3 片一组，将花瓣基部铁丝合并接入主铁丝（26#），原花瓣基部铁丝（28#）
全部去掉，靠主铁丝（26#）支撑。

㉚ 一朵花需要的花瓣数量为：小号
花瓣（纸样 1、2）18 片，3 片一组，
共 6 组。中号花瓣（纸样 3）10 片，
2 片一组，共 5 组。大号花瓣（纸
样 4）18 片，3 片一组，共 6 组。
所有花瓣按此规律三三两两组合。

㉛ 将花瓣基部的铁丝向下折，前端可以预留出一点距离。每组花瓣随
机交错，注意不要完全重叠在一起，保留花瓣之间的空间感。

㉜ 第一层选 6 组小号花瓣紧贴花蕊
基部粘贴，位置均匀分布。缠绕固
定后剪断多余铁丝，只保留花蕊上
的主铁丝（18#）。

33 第二层选 5 组中号花瓣紧贴上层花瓣的基部粘贴，位置均匀分布。缠绕固定后剪断多余铁丝。

34 第三层选 6 组大号花瓣紧贴上层花瓣的基部粘贴，位置均匀分布，缠绕固定后剪断多余铁丝。

35 组装完花头后，底部有缝隙，在缝隙处挤入强力胶，取适量制作花瓣时剩余的黏土填充缝隙。

36 将两片绿色黏土（1）对贴，中间放入铁丝（28#），用手推动排走多余的空气。

㊲ 根据纸样切割1号、2号叶片，扑粉防粘，压出纹理。

㊳ 3号双片连体叶需要将2根铁丝（28#）在底部合并，上方开叉分开的角度比对模具进行调整，依靠这个结构支撑两片叶。根据纸样切割叶片、扑粉防粘、压出纹理。

㊴ 用鸭嘴棒给每个叶片边缘随机压出卷曲造型，置于波浪海绵上晾干定型。

㊵ 根据纸样切割萼片，其中1、2号为大萼片，3、4、5号为小萼片，扑粉防粘、借助花瓣模具压出纹理。

41 有尖的萼片，需用在尖部用鸭嘴棒压出弧度，捏出明确的尖尖。下方用大号球棒滚压出弧度。

42 将做好的萼片放置于鸡蛋盒内的凹陷处定型晾干。萼片有不同的形状和大小，用相同的方法造型。

43 用快干油画颜料给萼片和叶片上色，用海绵蘸取颜料按压上色。绿色（1+2）为主，在边缘局部位置随机擦上一点红色（3+4）。

44 萼片做出 7~8 片均可，图示为做好的 4 片大萼片（已上色）和 3 片小号萼片（未上色）。

㊺ 在萼片内层基部涂抹强力胶，第一层用 4 片大号萼片贴一圈，粘贴于花瓣基部位置，离主铁丝有一段空间。第二层 3 片小号萼片随机贴在大号萼片之间的缝隙处。

㊻ 我们需提前做好花茎（铁丝 16#），前期利用七本针工具在花茎表面随机划出长长短短的线条肌理，后用笔蘸水将表面刷匀称，放置晾干。

㊼ 将花茎和花头合并，包黏土，刷水处理衔接处。在芍药花萼基部做出明显的长颈弧度，上端黏土要与花萼基部覆盖衔接。

㊽ 将叶片基部的铁丝向下折，剪掉多余铁丝，只保留 4~5mm。

❹ 在叶片基部的铁丝上涂抹强力胶，在花茎上凿个洞，将叶片插入洞口，再取小块黏土填充接缝处，打湿衔接。

❺ 花茎晾干后，用快干油画颜料给外层小号萼片和花茎整体刷色，使其与内侧萼片颜色一致。

❺ 花头状态可自由调整，可开放大一点，也可含苞一点。上图为花朵完成的效果。

日本晩櫻

实物大小的纸样

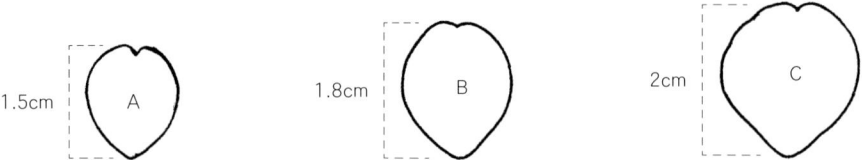

花苞花瓣

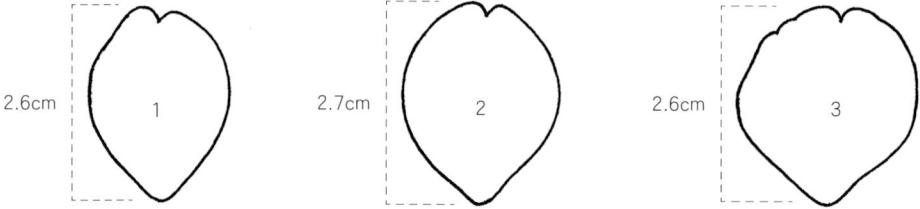

开放花瓣

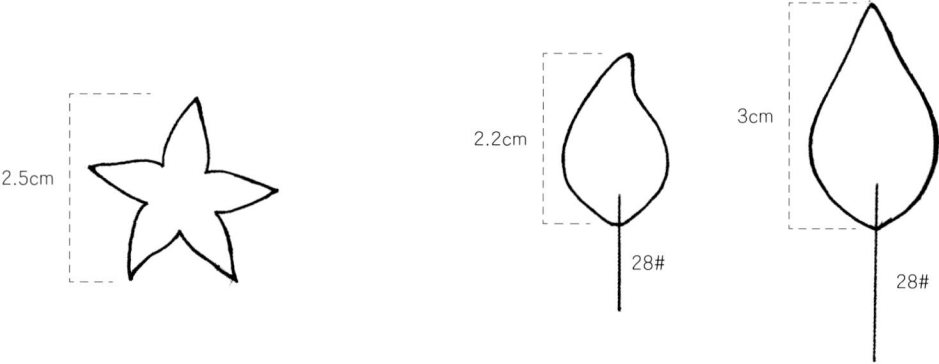

花萼　　　　　　　　　　　　叶子

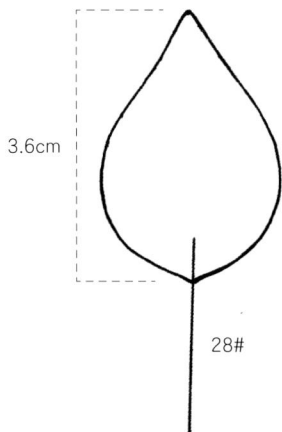

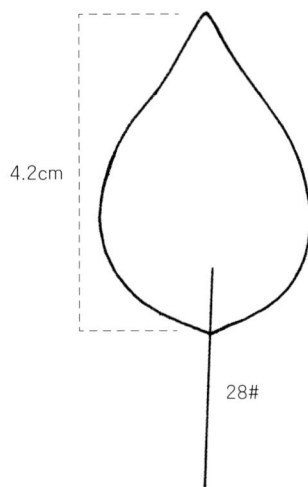

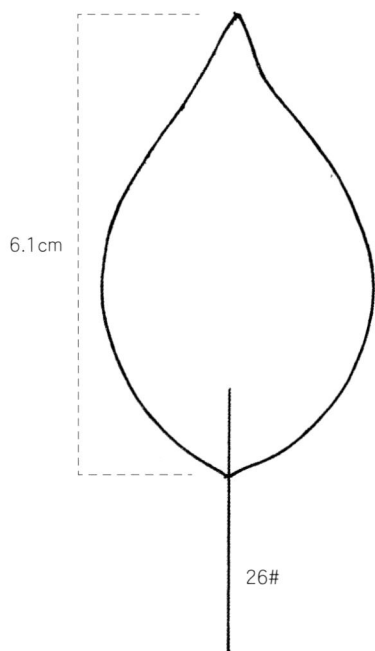

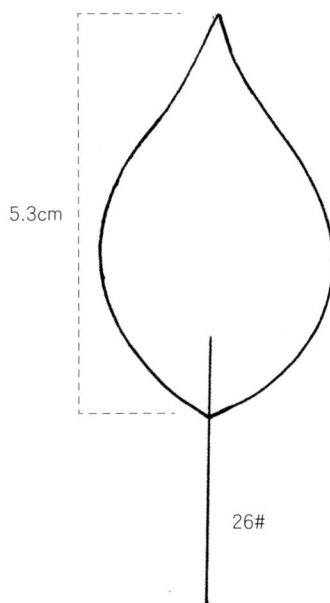

3.6cm

28#

4.2cm

28#

6.1cm

26#

5.3cm

26#

叶子

调黏土底色的油画颜料

❶ 温莎牛顿格里芬（凡代棕）❷pebeo52
❸pebeo50 ❹ 马利 104

花瓣 3+4(微量)/ 雌蕊 2/ 芽鳞片 1/ 叶子、
花萼、花梗、托叶 2/ 花茎 1

表面上色油画颜料

❶ 凡代棕 ❷ 氧化铬绿 ❸ 永固沙普绿
❹ 熟赭 ❺ 深镉红

绿叶 2+3+1(微量)/ 红叶 4+5

表面上色色粉

❶PANPASTEL 340.3 ❷PANPASTEL 430.3
❸PANPASTEL 100.5 ❹PANPASTEL 380.1
❺ 史明克 077++ 白

花瓣 1+2/ 花丝 1+2/ 花药 5/ 雌蕊 （上）
5/ 雌蕊 （下）1+2/ 花梗 1/ 苞片 1/ 主枝
干 4、3

其他

0.1mm 白色蜡线

黏土压面机挡位

花瓣 8 挡、叶片 7 挡（对贴）、花萼
6 挡

制作过程

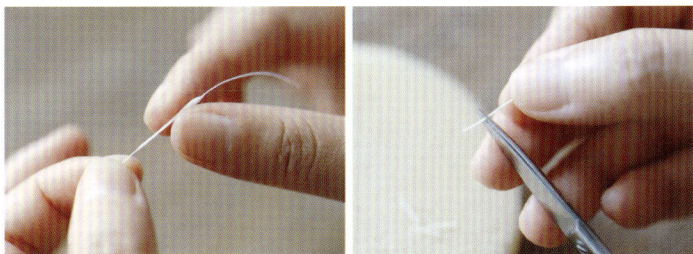

❶ 截取一段蜡线，在蜡线表面薄薄地包裹白色黏土，晾干后剪成约7mm长的小段，作为花丝。

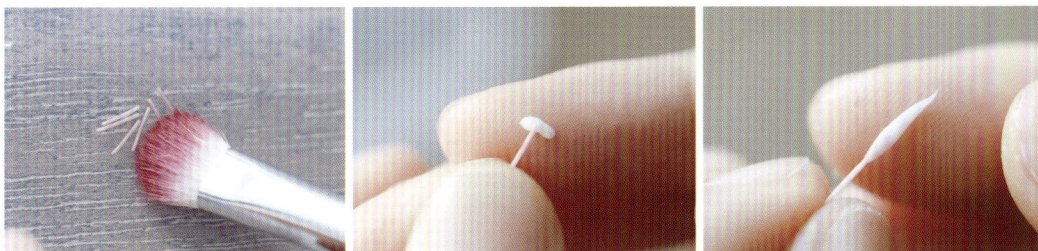

❷ 在小段黏土表面刷淡粉色（1+2），之后在顶端包裹一点黏土，搓长、压扁，作为花药。

❸ 用鸭嘴棒将花药上端压卷，在卷边的下半截刷嫩绿色（5），用相同的方法制作出18根雄蕊。

❹ 取嫩绿色黏土（2）包裹在蜡线表面，将其搓长、搓尖、压扁，用鸭嘴棒从中间压卷，用色粉在上半截刷绿色（5），下半截刷淡粉色（1+2），顶端装上扁圆形迷你柱头（黏土搓圆）。用相同的方法做出2根雌蕊。

❺ 在铁丝（26#）顶端用嫩绿色黏土做出锥形小底座，在其表面扎洞，用强力胶将18根雄蕊粘贴一圈，之后将2根雌蕊组装在中间。

❻ 在花蕊基部包裹一圈新黏土，将花蕊倒置，在新包裹的黏土上剪出开叉，再用开眼刀加深每段开叉的凹陷分层。稍后组装花瓣时，凹陷分层部位是花瓣基部插入的位置。

❼ 根据纸样切割花萼，用鸭嘴棒轻压花萼的尖端，使其呈微微卷曲的姿态。再用铁丝从花萼中心插入，在花蕊底部刷白乳胶，将花萼向上推，贴在底部。

8 取小块黏土包裹铁丝，用指腹搓动黏土向上走，先将黏土贴紧花萼底部，再搓动多余的黏土继续向下走，搓出均匀的细花梗，整个花梗的形态是上粗下细。

9 花梗晾干后，在表面刷红色色粉（1），红色主要分布在上半截，下半截可以保留原来的绿色，呈现红绿过渡的效果。

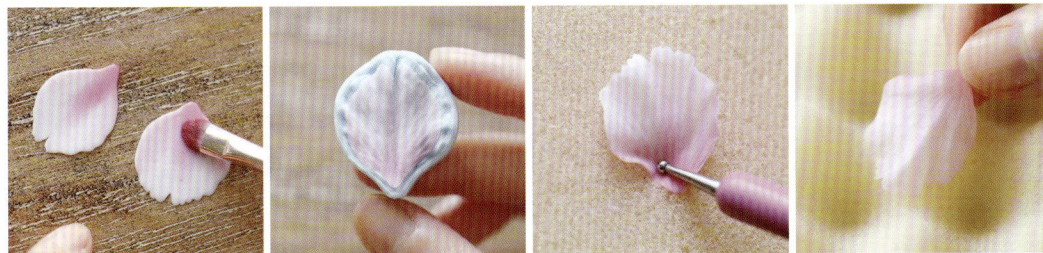

10 根据纸样切割花瓣，在花瓣下方基部刷粉色（1+2）、压出纹理，用鸭嘴棒贴近花瓣边缘的内侧位置压出卷边后弯的姿态，可参考纹理模具的凹凸起伏去随机给花瓣造型。

11 一朵开放的花需要1、2、3号花瓣各9~10片。

⓬ 组装时下层为 3 号花瓣，中间层为 2 号花瓣，上层为 1 号花瓣。从 3 号花瓣开始由下往上粘贴，上下层花瓣错开，避免重叠。有小间隙的位置用 1 号花瓣插缝填充。

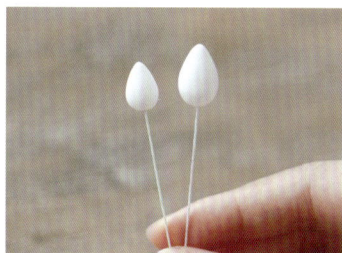

⓭ 做花苞需提前用超轻黏土做出大小不一的水滴形打底内芯。

⓮ 制作花苞。将 A、B、C 号花瓣围绕内芯外圈包裹粘贴，花瓣从小到大粘贴，每层约 3~4 片，每种型号的花瓣贴 1~2 层均可。打底内芯不能外露，需要完全遮盖好。花瓣表面刷粉色，底部装上花萼，再接好花梗，花苞就做好了。

⓯ 约 3~4 朵花组合成一簇，可随机搭配开放的花和花苞。在合并部位继续用黏土包裹，做出花序的总梗，蘸水打湿、上下衔接。

⓰ 取小块黏土搓成长水滴形，剪掉尖端，用指腹压扁，用棒针从中心向两边滚动擀压将其擀薄擀宽。

⓱ 再转移到海绵上方，用鸭嘴棒将边缘内侧压出卷边。用相同的方法做出不同大小的苞片。

⓲ 在单朵花的花梗基部粘 3 片苞片，刷成红色（1）。在总梗基部粘 5 片一圈的总苞片，在总苞片上随机刷上红色。大家在擀压黏土时做好大小的区分，小的苞片黏土量比大的少，搓水滴形时，小的也比大的短小。

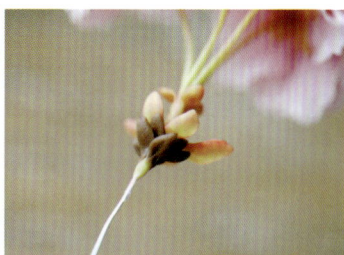

⑲ 在总苞片下方再组装两层棕色（1）的小芽鳞片，每层 5 片，约 10 片。芽鳞片的造型方法和苞片一致，只需要做小点。

⑳ 根据纸样裁切出小号叶片，用模具压好纹理，之后用手给叶片造型，可向外打开，也可向内收紧，大家根可据自己的想法灵活处理。

㉑ 大号叶片通常是舒展打开的姿态，根据纸样裁切好形状、压好纹理后，可将叶片尖端用鸭嘴棒从上往下拉动，压出内扣的姿态。

㉒ 用手指调整叶片两边的弧度，使其舒展弯曲、微微下垂。将做好的叶片置于波浪海绵上方晾干定型。

㉓ 叶片晾干后，需在基部接一小截细叶柄，蘸水处理衔接部位，使叶片和叶柄自然衔接。

㉔ 用相同的方法根据纸样制作出所有大小的叶片，都需要制作出叶柄，叶柄的长度和叶片大小相关联，小叶片的叶柄偏短，大叶片的叶柄偏长。

㉕ 叶片表面用快干油画颜料上色，用海绵蘸取颜料按压在叶片正面，反复处理每个部位，使颜色均匀细腻。叶片的颜色可以是绿色（2+3+1），也可以是红色（4+5），可灵活尝试。

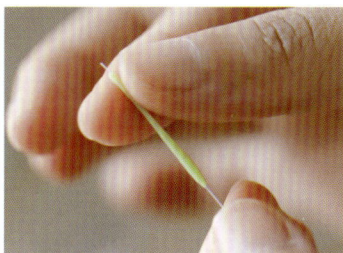

㉖ 做一些细长的托叶。在蜡线上包裹绿色黏土，搓细长、压扁，用鸭嘴棒在中间从下往上拉动，压出卷曲的姿态。

㉗ 顶端3片小号叶片一组，缠绕固定，中间并入铁丝（24#），用黏土包裹一截，粗细上下一致，之后再组装下一层叶片。

㉘ 一层层往下组装叶片，叶片渐渐变大，约从第3层开始，每片叶子两侧搭配2根细托叶，托叶数量是叶子的2倍，用胶水粘贴在两侧。往下组装，每层叶片数量2~4片均可。

㉙ 和花朵一样，在叶片基部做总苞片，5 片一圈，总苞片下方粘贴 2 层棕色小芽鳞片，每层 5 片。

㉚ 在叶片基部合并一根铁丝（20#），用棕色黏土（1）包裹铁丝，长度约 3cm。最上端这段枝干偏细，包裹铁丝时，黏土无须光滑，可用手在表面随机做出一些棱边肌理，使其看起来不是光滑的圆杆，之后用工具在枝干表面随机扎小洞口。

㉛ 在做好的小枝干下方侧着组装花头，再继续用黏土包裹铁丝，包裹时新黏土需覆盖上层枝干尾端以及花头基部，每截枝干约 3cm。

㉜ 在花头基部位置的黏土上用开眼刀划出密集的横线条树纹肌理。之后在上下枝干衔接部位刷水，使其自然衔接。

㉝ 在新枝干表面随机扎出小洞口，之后在洞口部位刷水，取很少的黏土搓成迷你球形填进洞口，再用牙签尖端在填充的黏土中间继续压出一个椭圆形小洞口。这可以营造出树枝表面的凹凸小树点。用相同的方法处理所有的洞口。

110

34 当花头很丰满时，可以在主枝干的侧边并入小分枝，合并时还需要加入2根更粗的铁丝（18#），以此来支撑丰满的花头。继续包裹黏土，向下衔接枝干，枝干往下渐渐变粗，一直分段衔接到我们所需的长度。

35 枝干全部完成并晾干后，需要在表面上色。先在枝干表面随机刷不均匀的白色色粉（3），再在枝干节点部位以及小树洞的部位用棕色色粉（4）加深。

36 完成后的效果。

注意

　　花头在组装时，花朵和叶子可以上下、左右随机穿插，这样的效果更自然。主枝干的最上端是20#铁丝，往下组装时由于花头在变重，当20#铁丝无法支撑当前花头时，要及时地并入18#铁丝，再往下组装时，根据铁丝的承重能力，可以继续加入18#铁丝，我们需要保证铁丝可以支撑花头，保持整体枝干直立。

第四章

果实篇

（喜悦的果实）

相思豆（火龙珠）

实物大小的纸样

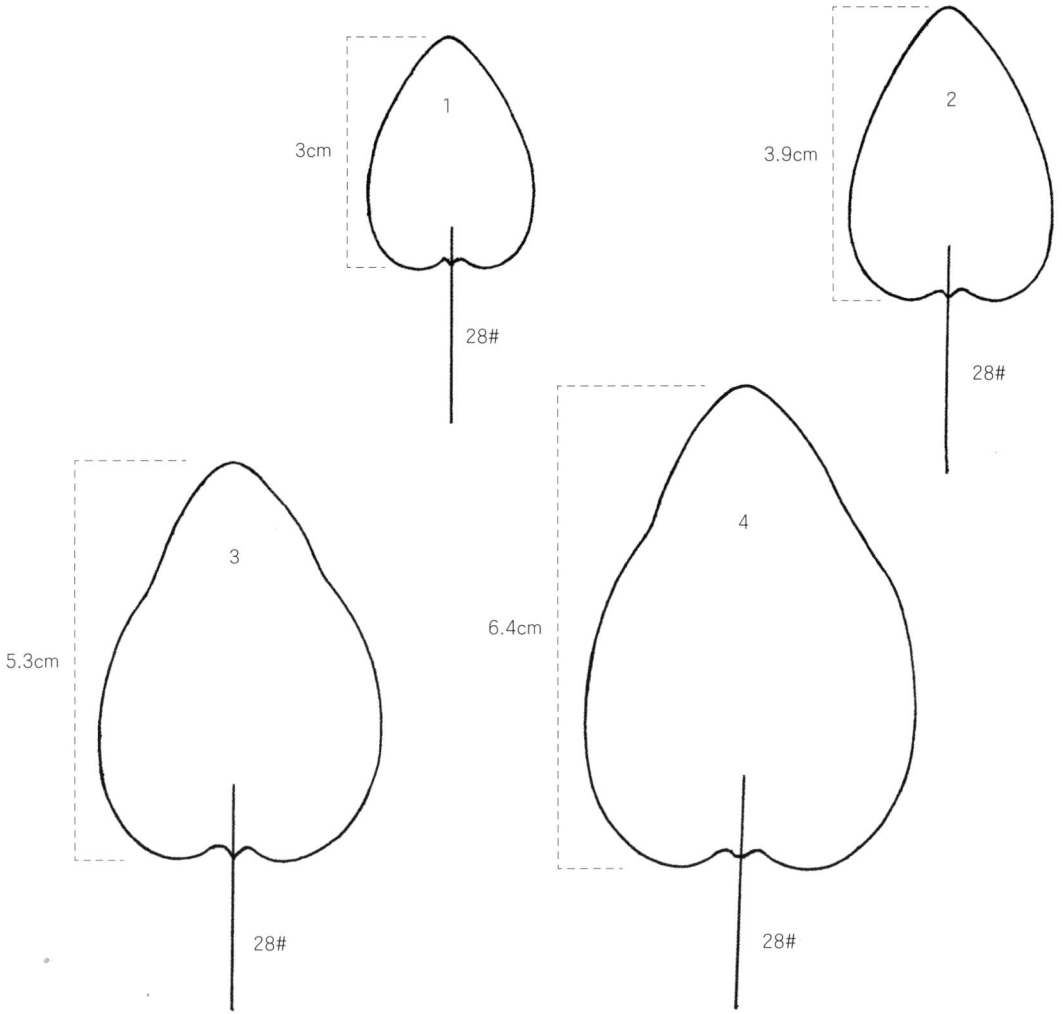

叶子

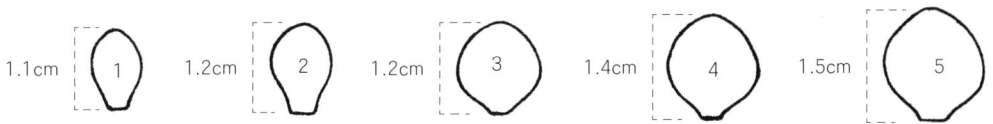

萼片

调黏土底色的油画颜料

❶pebeo52 ❸pebeo03

果子 2（微量）/ 叶子、枝干、托叶 1

表面上色油画颜料

温莎牛顿格里芬快干油画颜料

❶ 凡代棕 ❷ 中镉黄 ❸ 温莎红 ❹ 永固茜红
❺ 氧化铬绿 ❻ 永固沙普绿 ❼ 钛白

果子红 3+4/ 果子底 2+6/ 叶子正面 5+6+1/
叶子背面 7

表面上色色粉

❶PANPASTEL 340.1

枝干 1

其他

黑色马克笔

黏土压面机挡位

叶子 6 挡（两片对贴）、萼片 6 挡

制作过程

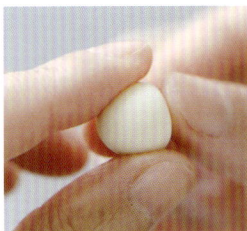

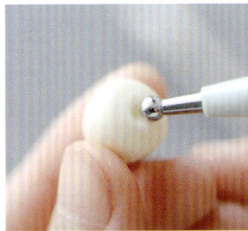

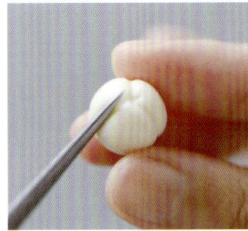

❶ 将黏土（2）搓成球形，用手指压出一个平底，将平底部位视为果子底部、弧度圆润部位视为果子上端。用小球棒在上下中心位置各压出一个凹点。

❷ 用水滴棒针从顶点侧压，将果子分成3瓣。

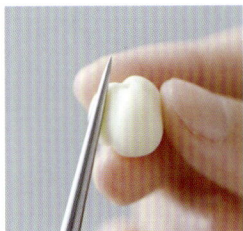

❸ 用水滴棒针在每瓣的位置来回轻轻滚动，扩大凹陷面积。

❹ 用指腹推动调整每瓣的形态，有棱角的部位要用指腹抚平，我们最终所需的效果是圆润、自然、分明。

❺ 在果子底部每瓣的中间段用水滴棒针压出凹陷的短边。

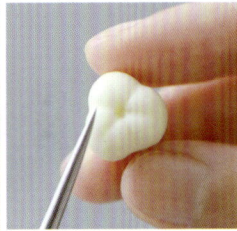

❻ 用迷你球棒5号在果子上端表面轻柔地划出浅浅的竖线条纹理。

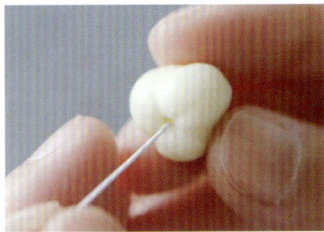

❼ 在铁丝（26#）顶端蘸强力胶，从果子底部插入，约插到果子一半位置。

❽ 大大小小的果子我们多做一些。

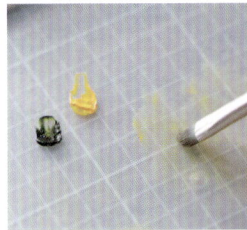

❾ 用快干油画颜料调出淡淡的黄绿色（2+6），刷在果子底部，笔头颜料控制得少点，刷出的颜色要淡。

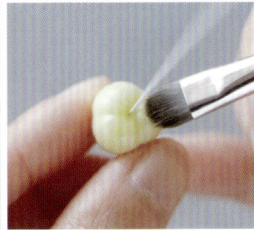

❿ 再用红色快干油画颜料（3+4）给果子顶端刷色，此处颜色要深，果子每瓣的顶端从上往下刷色，红色大约刷上方的1/3，再换干净的笔轻刷过渡中间段1/3，上方红色呈现向下渐变的效果，并和底部的黄绿色自然过渡衔接。

⓫ 将做好的果实插起晾干。

⓬ 根据纸样切割叶片，扑粉防粘，用模具压出纹理，用手调整叶片姿态，之后将其置于大号波浪海绵的凹陷位置晾干。用相同的方法处理不同大小的叶子。

⓭ 根据纸样切割萼片，用模具压出纹理。

⓮ 叶片晾干后，用海绵蘸取快干油画颜料，将颜色按压于叶片表面上色正面绿色（5+6+1），背面白色（7）。用相同的方法给萼片上色。

⓯ 1 颗果子配 5 片萼片，大小随机搭配。在萼片基部涂抹强力胶，将其贴于果子底部，5 片萼片上下穿插形成一圈。

⓰ 搓一段非常细短的黏土须须粘贴到果子顶端（2~3 根），再用黑色马克笔将须须的尖端刷黑。

⓱ 取一小块黏土（1），用手搓成水滴形，压扁后置于指腹上，用水滴棒针从中间向左右两边滚动，压薄压宽。

⓲ 用鸭嘴棒从上往下压出卷曲的弧度，一片托叶就做好了。用同样的方法多做一些出来。

⑲ 组合小分枝，将小托叶贴于分枝的基部，将其包裹住。枝干随机调整出弯曲的姿态，不要太直。

⑳ 将多组果子组合在一起，形成一簇，基部并入铁丝（20#），将其全部固定在一起。

㉑ 用黏土向下包裹枝干，枝干渐渐变粗，枝干侧边可合并其他分枝，再继续向下包裹至我们需要的长度。

㉒ 在果头下方两侧组装上叶子（扎洞插入法）。

㉓ 叶片有不同的大小，建议小叶在上，大叶在下。枝干表面随机刷深红色色粉（1）。

㉔ 制作完成。

海棠果

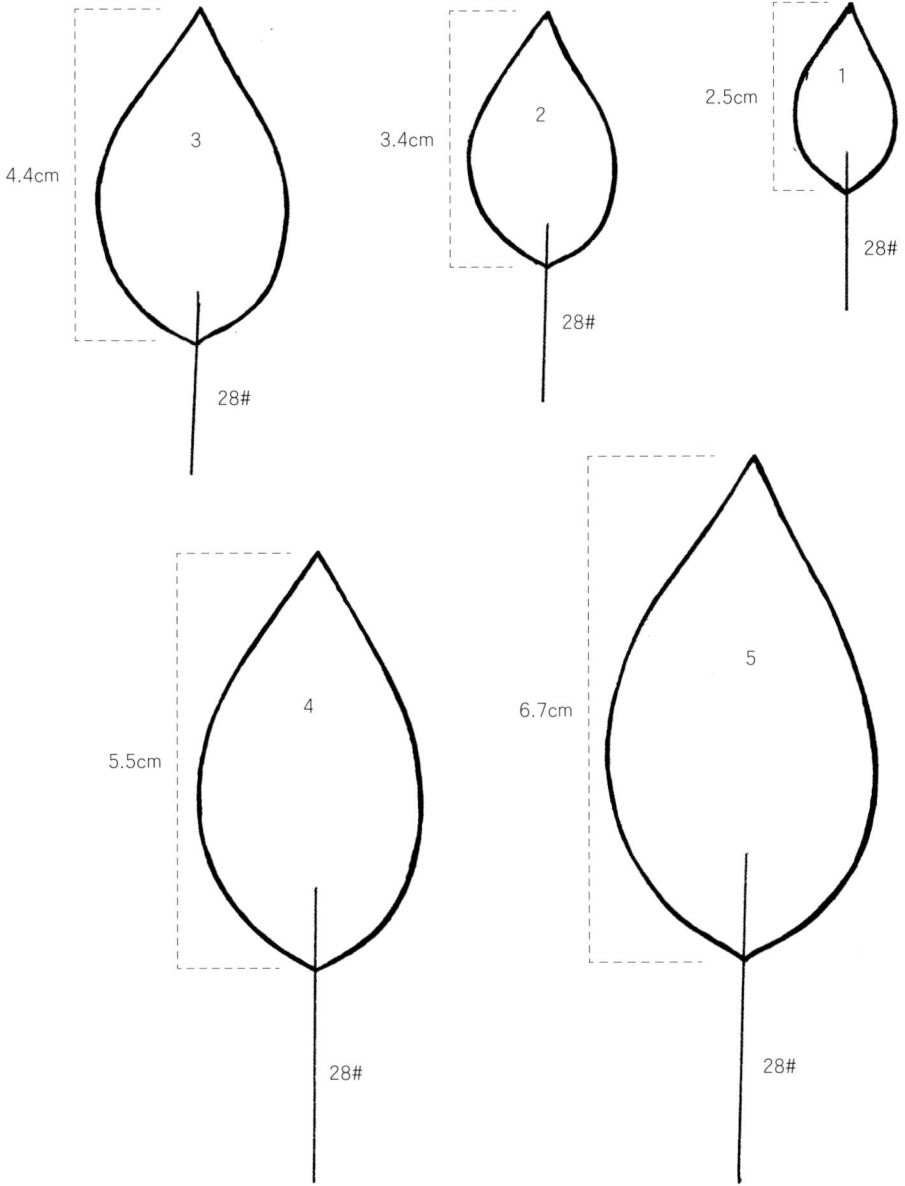

叶子

调黏土底色的油画颜料

❶ pebeo52　❷ pebeo03

❸ 温莎牛顿格里芬（凡代棕）

绿果、果梗和绿叶 1/ 黄果和黄叶 2/ 枝干 3

表面上色油画颜料

❶ 氧化铬绿　❷ 永固沙普绿　❸ 凡代棕　❹ 土黄
❺ 中镉黄

绿果（绿）2/ 绿果（黄）5/ 黄果 4+5/ 绿
叶 1+2+3/ 黄叶 4+3/ 叶（边缘棕）3/ 枝
干 3/ 果子凹陷处 3

表面上色色粉

❶ PANPASTEL 380.1
❷ PANPASTEL 100.5

果子凹陷处、果梗基部凹陷处
1/ 枝干 2

黏土压面机挡位

叶子 7 挡（对贴）

制作过程

扫码观看手动做
海棠果演示

❶ 将黏土搓成球形，用迷你球棒 4 号在黏土球顶端中心压出凹点，再用水滴棒针从中心凹点由内向外压出 5
条短线条，线条只在果子上端，不要延伸过长。用指腹抚摸轻压，调整分瓣线条，让每一瓣柔和无棱角。

② 在铁丝（30#）上包裹黏土，将黏土搓细，制作细果梗，果梗顶端用铁丝钳打弯钩，再将弯钩夹紧。

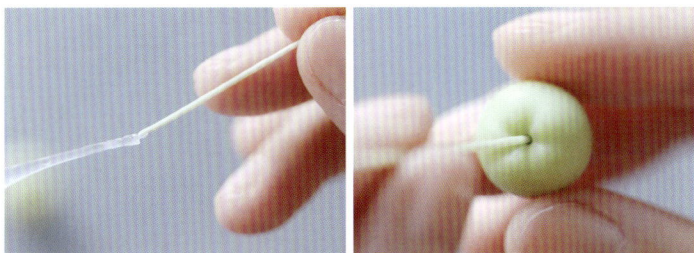

③ 果梗晾干后，在弯钩顶端蘸强力胶，从果子顶端插入，让果梗和果子衔接在一起。部分果子表面可用迷你球棒随机压出不规则凹陷。

④ 果子完全晾干，用快干油画颜料上色。图片演示绿果，先在果子上端薄刷绿色（2），底部薄刷黄色（5），黄绿结合，颜色随机分布，让果子更生动。

⑤ 果梗和果子同色，薄刷绿色（2）。颜色晾干需 24 小时。

⑥ 果子颜色晾干后，进一步处理细节，用棕色色粉（1）加深果子表面凹陷部位以及果梗基部凹陷处。

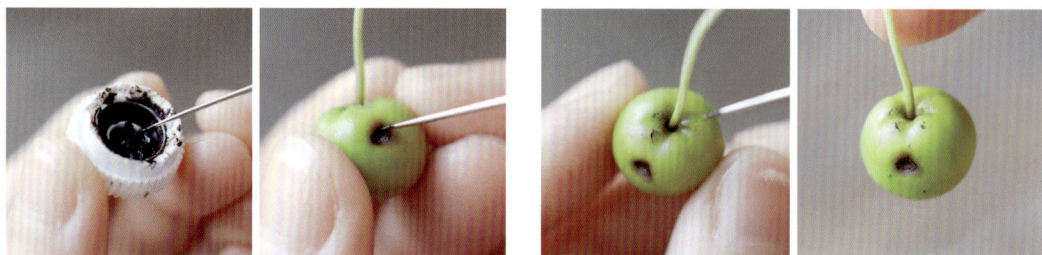

❼ 用切割针蘸取棕色快干油画颜料（3），将颜料浅浅扎进去，用扎染的方法加深凹陷边缘。

❽ 果子表面可随机扎染棕色斑点或营造出小破皮。

❾ 果子 3~4 颗一组缠绕合并，同时并入铁丝（24#）支撑整组。在合并部位包裹一小截棕色枝干，再用开眼刀在表面随机地划出横竖交错的树枝纹路。

❿ 根据纸样切割叶片，扑粉防粘，用模具压出纹理，用球棒在叶片背面随机造型，用手指将叶片调整出后弯的姿态，置于波浪海绵上定型。晾干后给叶片包裹细叶柄，不同大小的叶片多做一些。

⓫ 用海绵蘸取快干油画颜料（1+2+3）按压上色，个别叶片前期可随机做出破边效果，上色时在破边处用深色（3）加深刻画细节，颜料晾干时间约 24 小时。

⓬ 每组果子下方随机组装叶片 (1~3 片均可)，大小叶片结合。缠绕好之后继续用棕色黏土向下包裹枝干。

124

13 每组果子合并在主枝干铁丝（16#）侧边，继续用棕色黏土包裹枝干，包裹时需要覆盖上一截的尾端，衔接一体。

14 合并部位用开眼刀密集划出横线条纹路，枝干表面用切割针侧挑出凸起的纹路。

15 用相同的规律组装、包裹枝干，用相同的方法处理枝干表面的细节。组装好等待枝干晾干（需隔夜），再弯动内部铁丝调整枝干的形态。

16 最后给枝干表面上色，先用深棕色快干油画颜料（3）在枝干节点部位加深，等油画颜料晾干后，再在枝干表面用白色色粉（2）不均匀地刷白。

17 完成的效果。

> **注意**
>
> 　　图例给大家演示的是绿色小果，果子的颜色可以随机尝试：绿、黄、橘、红。果子的体积也可大可小，黏土的分量决定了果子的大小，小果少取黏土，大果多取黏土，大家可灵活运用上面的方法，制作出丰富多彩的果子。

草莓

实物大小的纸样

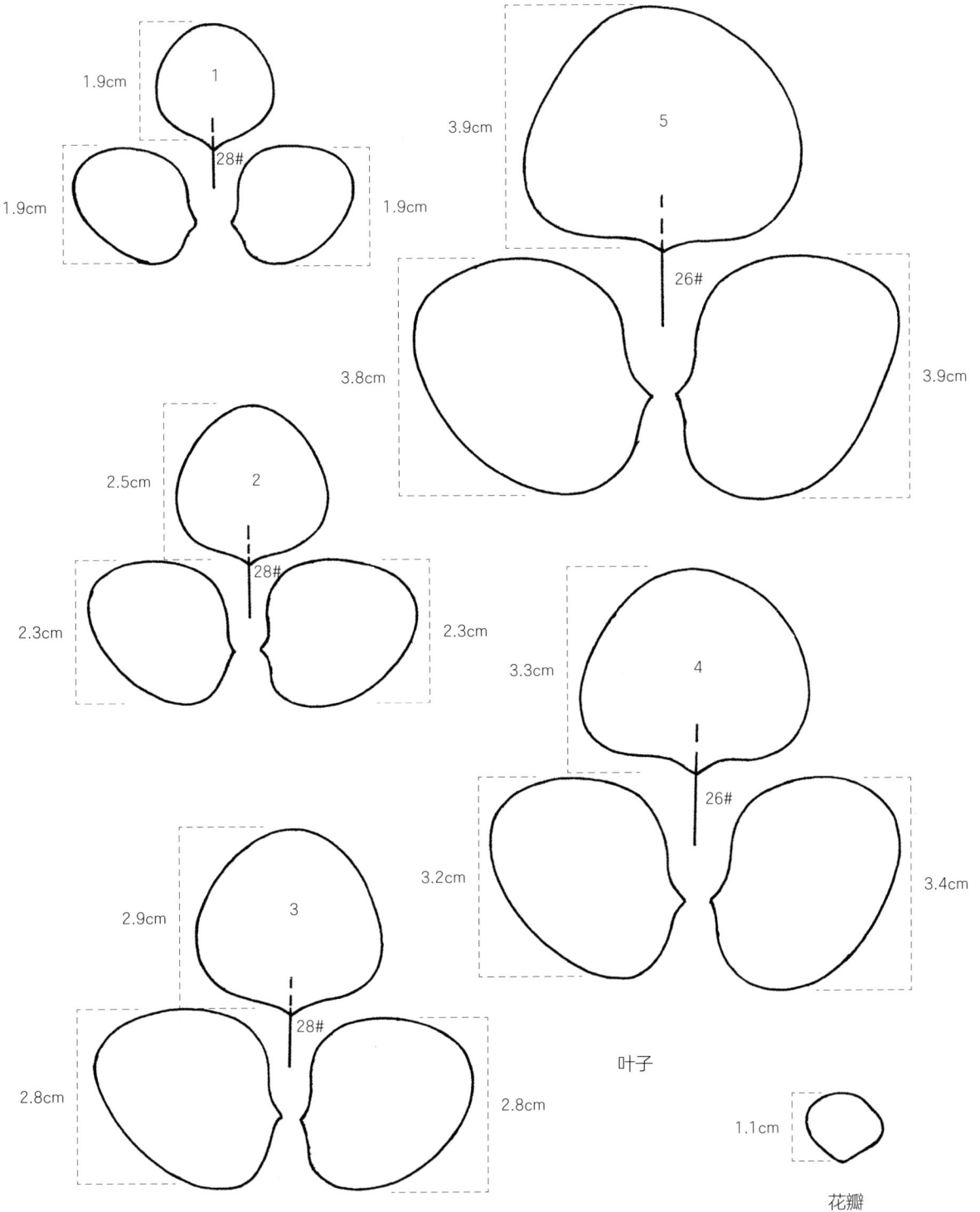

1.9cm

1

1.9cm

28#

1.9cm

3.9cm

5

26#

3.8cm

3.9cm

2.5cm

2

28#

2.3cm

2.3cm

3.3cm

4

26#

3.2cm

3.4cm

2.9cm

3

28#

2.8cm

2.8cm

叶子

1.1cm

花瓣

127

1.5cm　2.3cm　2.8cm　3cm

花萼

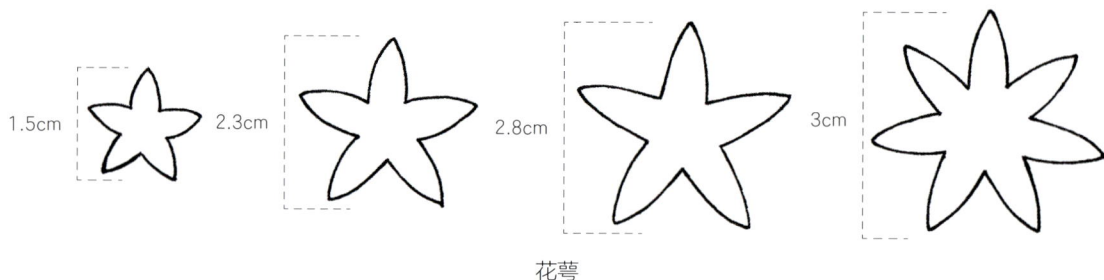

调黏土底色的油画颜料

❶pebeo52 ❷温莎牛顿格里芬（永固茜红）
❸温莎牛顿（朱红）❹马利104 ❺温莎牛顿
格里芬（中镉黄）

叶片、绿草莓、草莓籽、萼片、果梗、托叶、叶柄1（量多色深，
量少色浅）/ 红草莓 2+3/ 草莓花瓣 4（微量）/ 草莓花蕊 5

表面上色油画颜料

❶永固茜红 ❷温莎红 ❸中镉黄
❹氧化铬绿 ❺永固沙普绿

红草莓 1+2/ 绿草莓 5+3（微量）/
叶片 4+5

表面上色色粉

❶PANPASTEL 340.3 ❷PANPASTEL 220.1
❸PANPASTEL 660.3

萼片 2+3/ 果梗、花梗、叶柄（红）1

其他

❶小包装袋
❷筛网（60 目）

黏土压面机挡位

叶子和花萼 6 挡、花瓣 8 挡

128

制作过程

草莓果手动做法

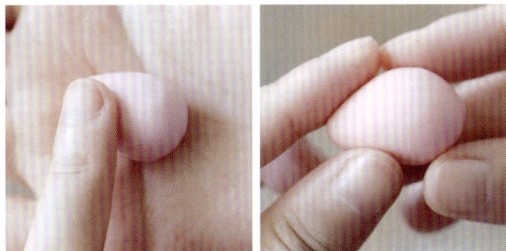

❶ 取适量黏土搓成胖水滴形，确保表面光滑无干纹，用手指随意调整尖端形态。

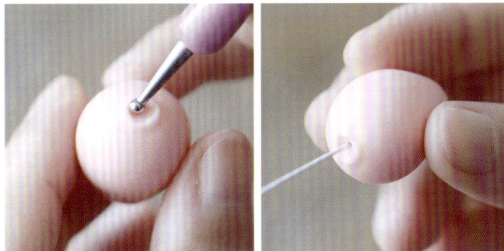

❷ 用4号迷你球棒在果子底部轻压出凹陷口，铁丝（22#）打弯钩蘸胶水从果子底部插入约一半深度。

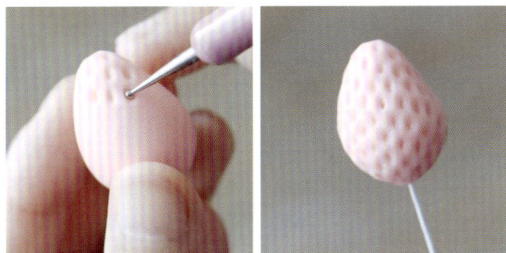

❸ 用2号迷你球棒在黏土表面压出草莓表面的凹陷坑，坑位呈椭圆形，均匀分布。

草莓果模具做法

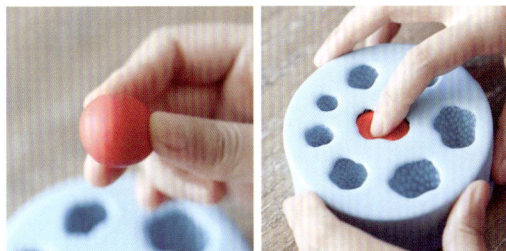

❶ 在模具内侧先抹油防粘，取适量黏土搓圆，确保表面光滑无干纹，塞入模具中。

❷ 大号球棒头蘸油防粘，利用球棒将黏土压实，充分贴合内部形状。

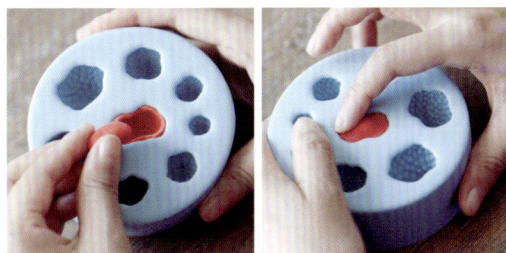

❸ 内部压实后，中间如果出现空隙，我们继续取黏土填满中间位置。拨动模具两侧黏土往中间位置聚拢。如有溢出的黏土，我们将其去掉，保证黏土和模具口部位置基本持平。

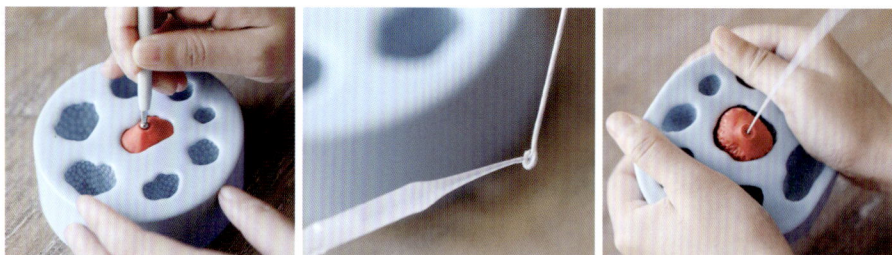

扫码观看草莓果子
脱模全过程演示

❹ 用球棒在黏土顶端中间位置压出小凹陷，将铁丝（20#）打钩后蘸胶水从凹陷口插入约一半深度。两只手将模具口部尽可能均匀撑大，可以借助嘴唇抿铁丝将草莓取出来（这个动作虽搞笑但实用）。如果取出的果子有挤压变形，那撑开的动作需要多练习。

❺ 果子取出后用指腹轻抚，让模具口部位的果子的弧度更自然。

❻ 由于模具开口部位没有凹陷的纹路，所以我们用2号迷你球棒工具手动补出凹陷的纹路，和上方的凹陷衔接自然。

❼ 再用2号迷你球棒将所有草莓籽压平，我们只保留凹陷坑位，相当于草莓是有坑无籽状态。

❽ 用快干油画颜料给果子刷色，成熟的大草莓全部刷红色（1+2），这一步除了加深颜色，同时也起到让果子有光泽感的作用，所以即使是红草莓我们也需要用油画颜料上色。

❾ 未成熟的草莓需要刷出渐变色，果子底部刷薄薄的黄绿色（5+3），果子顶端刷小面积的红色（1+2），中间段用干净的笔刷进行过渡，主要是将顶端的红色向下晕染。

❿ 果子根据大小呈现不同的成熟阶段，黏土底色和表面刷色也不相同：小果是未成熟的，底色为绿色，刷色以黄绿色为主；中果是半成熟的，底色为浅绿色或浅粉色，刷色呈现红绿渐变色；大果是已成熟的，底色为大红色，刷色呈现诱人的熟红色。果子状态很多样，大家可自由尝试。

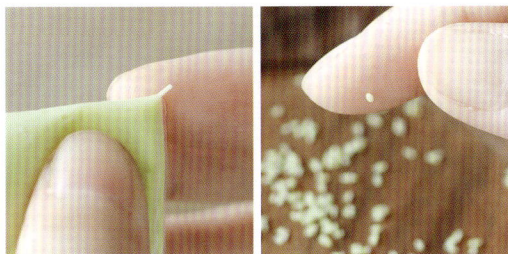

⓫ 用浅绿色黏土搓籽，取极少量，使做出来的籽尽可能小。草莓籽的形状不是正圆形，它像是迷你的芝麻，呈现迷你水滴形。多搓一些籽备用。

⓬ 用牙签尖端蘸强力胶，将胶点在草莓凹陷坑中，再夹取晾干的草莓籽贴于凹陷坑内部。我们挑选草莓籽要确保籽小于凹陷坑，籽能陷在凹陷坑内。如果籽过大、溢出凹陷坑是不合适的。

⓭ 根据纸样切割一片完整的萼片，扑粉防粘，用鸭嘴棒在正反面随意造型，使其卷起。在果子底部凹陷部位刷白乳胶，将萼片贴紧底部。

⓮ 再根据纸样切割一片萼片，用剪刀将每个角分成独立的小萼片，单独压出弧度。

⓯ 在第一层萼片间隙位置刷白乳胶，将独立的小萼片贴在缝隙处，做出一圈副萼片。蘸水处理贴合部位，使它们自然衔接。

⓰ 不同大小的果子配不同大小的萼片，所有果子都这样处理。

⓱ 取适量黏土包住果梗，蘸水处理接缝，晾干。

⓲ 萼片尖部用色粉刷成深绿色（2+3），避开果子表面。所有的大小果都这样处理。

⓳ 小果作为分枝组装。将果梗截短，基部保留约4mm长的铁丝。在大果的果梗侧边扎洞，之后将小果下方的铁丝涂上强力胶，插入洞中。

⓴ 取少量黏土搓成水滴形，用指腹压扁，之后用水滴棒针左右推动擀成小片，作为托叶。将2片小托叶粘贴包裹在分枝衔接部位。

132

㉑ 根据纸样切割叶片，扑粉防粘，用模具压出纹理。3 片叶一组，分别为：中、左、右。

㉒ 小叶的叶柄用的铁丝型号为 28#，在铁丝一端涂抹白乳胶，放于叶片下端中间位置，两边捏合叶片将铁丝包裹好。用相同的方法给所有叶片接入铁丝，放于波浪海绵上晾干。

㉓ 大叶的叶柄用的铁丝型号为 26#。用同样的方法做出叶片，接入铁丝，晾干。

㉔ 在所有叶片下方包裹一小截叶柄，用快干油画颜料（4+5）给叶片表面上色。颜色干燥后，将左、中、右 3 片叶子缠线合并，接入主铁丝（20#）。

㉕ 在主铁丝上包黏土，搓动黏土，使其与合并处宽度一致，刷水处理接缝，做出复叶的总叶柄。

㉖ 将黏土放入筛网（60目）均匀按压，在另一端压出细丝，用切割针将细丝整体刮下来。

㉗ 在铁丝（22#）顶端随机包裹小块圆形黏土，提前做好黏土内芯。

㉘ 在黏土表面涂抹白乳胶。将步骤㉖刮下来的整块细丝包裹住黏土内芯的顶端，将多余的部分去掉，使顶端呈现毛茸茸的球形，雌蕊就做好了。细丝如果分布不均匀，可用切割针轻轻调整。

㉙ 主副萼片做法与步骤㉓㉔相似，先贴一层整片的萼片，再在缝隙间粘贴外层的副萼片。

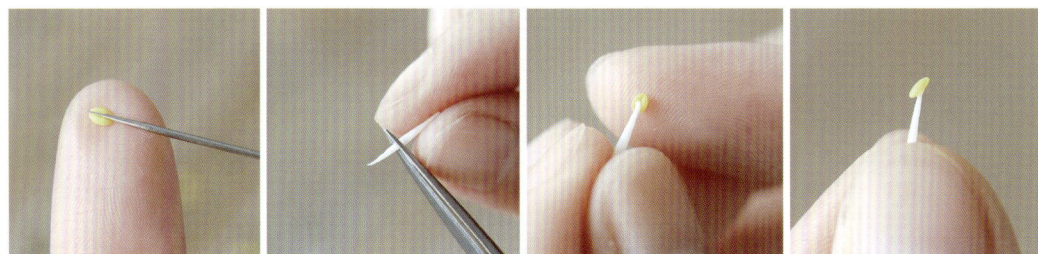

㉚ 雄蕊分两个部分：尖端黄色扁圆形的花药和下方细长白色的花丝。用胶水将它们粘贴在一起。

134

㉛ 在花丝基部涂抹强力胶，将其组装在雌蕊周边，共组装约10根，平均分布。

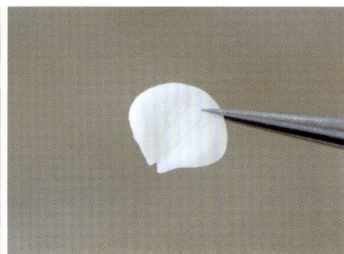

㉜ 根据纸样切割花瓣，扑粉防粘，压出纹理，在花瓣下方剪出小缺口。

㉝ 在花瓣基部涂抹强力胶，将其一一组装到花萼上方。花瓣基部剪缺口有利于避开花蕊、更紧凑地插入内层。一朵花需5片花瓣。

㉞ 最后给果梗、花梗、叶柄等用色粉刷淡红色。

㉟ 果子和叶子做出不同的大小，后面组装在一起会更自然、生动。

第五章

创意应用篇

工具与材料

❶ 玻璃生态瓶 **❷** 仿真草皮 **❸** 热熔胶枪

制作过程

❶ 首先将草莓果、叶片、花朵高低错落地搭配在一起。在搭配时，要注意草莓的生长规律，一般大果会比小果高，大叶也比小叶高。果实越大，脑袋越下垂，彼此间要有向外打开的空间，并且要多角度，避免集中于一个方向，尽量让它们灵动、有生机。

❷ 中间合并一根粗铁丝（16#）缠绕固定，将周围多余的铁丝剪断。

❸ 将黏土切割成图示形状，制作叶鞘。扑粉防粘、造型，晾干后在边缘刷点红色。

❹ 在叶鞘边缘涂抹强力胶，将其包裹在基部，共包裹 3~4 片。

❺ 先比照底座修剪出一块形状近似的仿真草皮，沿底座边缘内圈挤热熔胶，及时地将仿真草皮下压贴紧。

❻ 边缘如果不够整齐，可再次进行修剪，使草皮轮廓和底座一致。

❼ 在仿真草皮中间用水滴棒针尖端或者其他尖头工具扎出有深度的孔洞，再往孔内挤入强力胶。

❽ 将草莓苗下方的铁丝剪短，插入洞口，胶水干燥后便可固定完成。

❾ 罩上玻璃罩，草莓生态瓶就完成了。

极简红豆簪

工具与材料

❶ 饰品胶 ❷ 丝绒缠花线 ❸ 细铜丝

制作过程

❶ 选取一颗做好的相思豆，将基部剪短，预留一点铁丝，在铁丝部位涂抹胶水，此处用的是首饰胶。

❷ 选择有孔发簪或自己后期打孔。将带胶的铁丝插入孔内，等待胶水干燥即可。

❸ 这款簪子的做法非常简单，整体效果简约，但它恰到好处得可爱。

优雅水仙百合簪

工具与材料

❶ 饰品胶 ❷ 丝绒缠花线 ❸ 细铜丝

制作过程

❶ 准备一枝花头略微做小的水仙百合。大家可参考图纸缩小花瓣尺寸，组装出来的花头自然就小了，颜色可自由发挥。侧边合并了一个带叶小花苞。

❷ 准备一枝带叶大花苞、一枝小花苞的花朵、一片叶。

❸ 将它们缠绕合并到一起。

❹ 将铁丝从簪孔插入，在底部折 90 度角，使铁丝贴合簪体。

❺ 将铁丝剪短，只保留约 1.5 厘米长即可。用丝绒线将铁丝和簪体缠绕固定在一起。

144

❻ 取一小段铜丝对折，开口朝上，U 形对折口朝下。

❼ 将铜丝合并到簪体上，用丝绒线继续缠绕，确保铁丝被完全覆盖，铜丝也缠绕了一截宽度，将线头从铜丝下方的 U 形口穿入。

❽ 将铜丝从上方抽出，这样线头被带到上方并固定在内部，将多余的线贴根剪断。

❾ 这款簪子就完成了。

作品 1

工具与材料

❶ 铁丝钳 ❷ 六角鸡笼网 ❸ 防护手套

制作过程

❶ 卷几圈鸡笼网，用铁丝钳剪下来。

❷ 佩戴防护手套调整鸡笼网圈边角的形态，使其向内收，保证它能塞进花瓶。

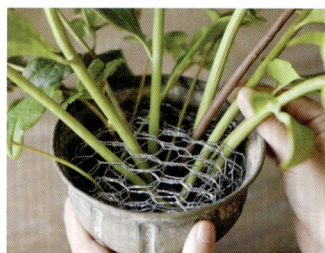

❸ 如图，每枝花插入网孔固定，这样有助于整个花艺作品定型。

> **注意**
> 1. 铁丝网无须太密集，要有适当的空间，过于密集会导致上下不通畅，插入受阻碍。
> 2. 铁丝网高度要低于瓶口，如果溢出花瓶会影响美观，我们需要它隐身在内。

搭配思路

　　我没有系统学习过花艺知识，并不能"教"大家什么理论，但可以和大家分享一下我的体会。先从能具体归纳的 5 点说起，例如：主次、配色、高低、前后、弧度。

主次

主次指我们在搭配花艺作品时要分主花和配花，一个作品里不能全是争奇斗艳的大花型，一定要有不那么争抢的配花。以作品1为例，'落日珊瑚'芍药是主花，海棠果是一号配花，相思豆（火龙珠）是二号配花，有主次区分，才能搭配和谐。

配色

上面的两个作品都是邻近色配色，一款热情浓烈，一款安静温柔。邻近色搭配是一种较为稳妥的配色方式，适合初学者。大家还可按自己的喜好，尝试对比色等其他配色方式。

高低

花朵要有高低错落的层次，避免都在一个层面。

前后

花朵朝向不一样，有的向前、有的在侧、有的偏后，营造出前后空间层次感。

弧度

作品整体有弧度美感，这个弧度可以是多形态的。例如作品1有月牙形的弧线，先插完高的花苞，然后顺着花苞弧度加了两枝海棠果作延伸，就形成了这个月牙形的弧线。作品2整体是个圆润的弧度，"伸长脖子"的水仙百合和"脑袋低垂"的格桑花为整体增加了点俏皮感，让这个作品温柔又灵动。

最后，抽象的"感觉"

以上5点可以具体描述，除此之外还有难以描述的很抽象的"感觉"。它是我们的内在感受，有时候我们无法明确描述它，但遇到具体事物放在面前，我们又可以很清晰地判断是不是我们想要的，或者不对劲、差了点什么，这个背后是我们的"感觉"在做判断。前面所述的看似很具体的5点，背后也都有"感觉"在潜移默化地支撑我们。

你看过的电影、听过的音乐、阅读的书籍、逛过的画展，以及走过的那些带着烟火气的市井小巷，它们都在潜移默化地构建我们的内在"感觉"，这是一种个人审美感受的培养，它能帮助我们形成个人风格。我鼓励大家多发展兴趣爱好，涉猎一切会吸引你的美好的东西以及去思考它们。这一点我也在不断尝试中，我们一起加油。

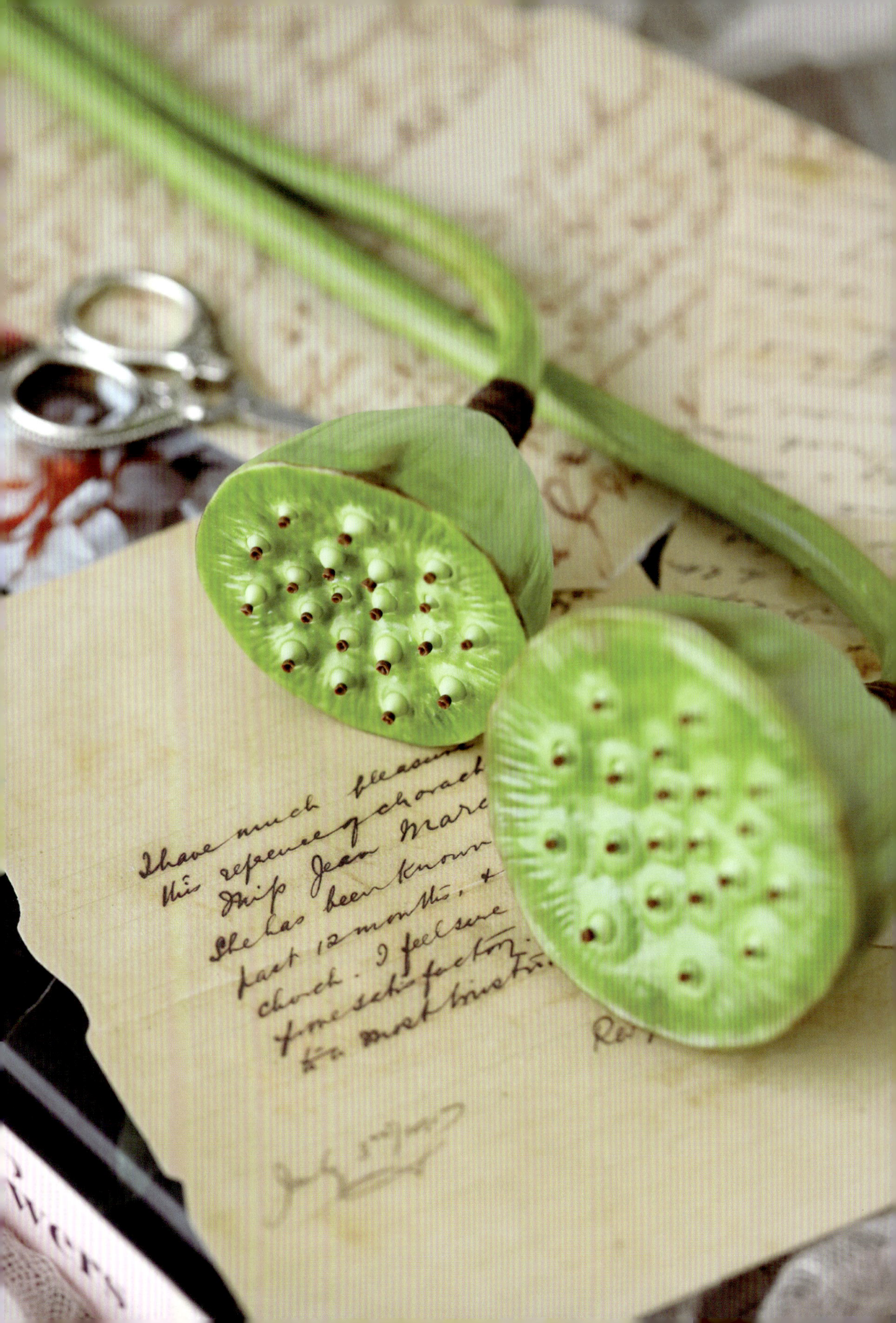

第六章

黏土花
作品欣赏

芍药

葡萄风信子

大丽花

铁线莲

荷花

铃兰

松虫草

康乃馨

绣球

结语

致初体验的你

  这封信写给我心中的朋友，书前的你。

  很开心你能选择我的书籍体验黏土花制作入门，希望它真的能帮到你。在写这本书的过程中，我也经历了不同心路历程的转变。起初面对编辑的约稿，是毫无概念，完全不知道该如何去写一本书。后来决定签约有一部分是心动于"实力证明"背后的虚荣感。然而真正到写的时候，仍是无所适从，我意识到浮躁的背后很荒芜。写书这件事让我卡顿了很久，我迷茫挣扎在这些困顿里，花了很多时间让自己有序起来。后来想明白要正视这一切，写书的初衷是分享，如果我不能以一个纯粹的分享者心态去对待它，内心是无法认同的，自然产生了一系列连锁心理困境。因此我想，要以一个犹如大家身边朋友的平静状态，去分享、完成这一切。

  初体验的新手朋友，在看完这本书后，面对多样的工具和烦琐的步骤，有人会迟疑："我真的可以吗？""对，你可以的！只要动手！"有人会振奋："终于可以开动！""对，能量满满的你非常棒！"

  书前的你，或开朗阳光、或文静忧郁，要相信我们都是美好的独立个体，我们只是节奏不相同，最终我们都可以用各自的理解和方式做好一切。

  我们发展自己的兴趣爱好，目的是愉悦和探寻自己，所以在"做或不做""做的如何"这些问题上不要树立严苛的标准去为难自己，用轻松的方式去享受它，用认可的方式去理解自己。

  世间美好有很多，手工是其一，你会打开这本书是因为你拥有发现美的能力。很欣慰能通过这本书与你相识，希望手工能治愈我们彼此。

  愿我们：心有所愿，手执繁花；所愿皆得，繁花永驻。

  这封信写给我心中的朋友，书前的你，也写给我自己。

石头

致谢

非常感谢出版社，感谢晓梅编辑，正是因为她发现了我才有这本书和大家见面。感谢出版社幕后为这本书付出时间精力素未谋面的所有工作人员。感谢一直以来鼓励我并期待这本书问世的亲友和学员粉丝们。

石头